シリーズ・生命の神秘と不思議

昆虫たちのすごい筋肉

−1秒に1000回羽ばたく虫もいる−

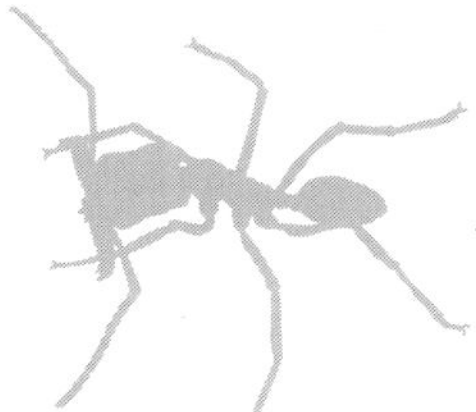

岩本 裕之 著

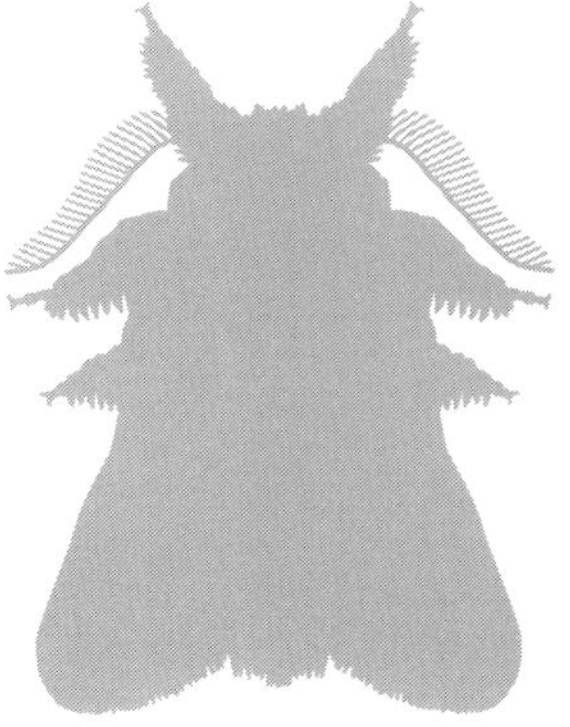

裳華房

まえがき

私たちの身の回りにいる昆虫たちは、「虫けら」とよばれるように、とるに足らない小さな存在と目に映るかもしれない。しかし、彼らの動きをよく観察すると、人間と比べて信じられない高機能な働きをしていることがわかる。

たとえばミツバチは、花を見つけると巣に戻り、花のありかを仲間に伝えることができる。これは、自分の巣の場所はもちろん、巣と花の相対的位置関係もわかり、さらにその情報を伝達できるということで、それをあの小さな頭の中の脳でこなしているのである。ミツバチの脳は、体積あたりにしたら人間の脳よりずっと高機能ではないかと思えてしまう。

しかし本書では脳ではなく、昆虫のいろいろな運動をつかさどる筋肉に焦点を当ててみる。あの小さな昆虫たちでも、私たち人間と同様に、体を動かすためには筋肉を使う。そして、昆虫の筋肉も人間の骨格筋とまったく同じ、横紋筋という種類の筋肉（顕微鏡で見ると横縞が見える）である。しかし、その昆虫の筋肉も、ミツバチの脳と同じように、人間と比べて信じられない高機能を発揮することに驚かされる。

普通の蚊は1秒に500回、さらに小型の蚊の一種は1秒に千回も羽ばたくが、その羽の動きは飛翔筋《ひしょうきん》とよばれる筋肉が担っている。また、ある種の蛾《が》は、胸の後ろにある筋肉を使って超音波を発生する。コウモリは蛾を捕食するため、超音波ソナーで蛾の位置を突き止めるのだが、蛾のほうはコウモリの超音波を聞くと、自ら妨害超音波を出して見つけられるのを防ぐのである。また、ある種のアリは、新幹線並みの速度で大あごを閉じて獲物を捕らえるのだが、この大あごの動きは、動物のつくる動きの中で最も速いものと言われている。

このように、昆虫の筋肉は人間と同じ横紋筋でありながら、人間がとても真似のできないような高機能を発揮する。なぜ、そのようなことが可能になるのだろうか? 本書では、まず、筋肉がどのような構造をもっているのか、どのようにして力を出すのかという基本的な話から始めて、人間の筋肉と昆虫の筋肉の共通点、相違点を明らかにしていきたい。そのうえで、さまざまな実例を織り交ぜ、高機能な昆虫の筋肉の秘密をやさしく解説していきたい。

2019年 6月

岩本裕之

目次

1章　昆虫はすごい能力の持ち主だ　1

2章　まずは人間の筋肉を知る　5
1　人間の筋肉の種類と使い分け：骨格筋・心筋・内臓筋　6
2　骨格筋（横紋筋）のつくりと働き　8

3章　筋肉をつくっているタンパク質とは　13
1　骨格筋をつくるタンパク質：タンパク質とは何か　14
2　タンパク質の種類　19
3　筋肉の主要なタンパク質　22

4章　骨格筋は、どうやって縮んだり緩んだりするか？　35
1　筋肉の収縮—弛緩サイクルとは？　36
2　速い筋肉、力強い筋肉　42

5章　昆虫の筋肉は全部横紋筋だ　49
1　筋肉をもつ動物の進化　50
2　横紋筋がメインの動物は限られている　55
6章　高機能の羽ばたきの秘密　57
1　昆虫が羽ばたくしくみ　58
2　同期型飛翔筋と非同期型飛翔筋　64
7章　X線で非同期型飛翔筋の構造を調べる　83
1　X線回折法の原理　84
2　X線結晶構造解析　87
3　X線繊維回折法　91
4　昆虫の非同期型飛翔筋にX線を当てるとどうなるか　97
5　1本の筋原繊維だけにX線を当てるとどうなるか　100

8章　羽ばたき中の飛翔筋内の分子の動きを探る　111
1　X線回折法に関係する技術の進歩　112
2　「伸張による活性化」のしくみに関する従来の説　115
3　生きて、羽ばたいているハチの飛翔筋からX線回折像を撮る　123
9章　昆虫の筋肉は体温調節にも使われる　131
1　ハチは恒温動物だ　132
2　冬に飛ぶ蛾の話　136
10章　昆虫の筋肉は鳴くためにも使われる　143
1　鳴く虫はどうやって音を出すか　144
2　ヨコバイだって鳴く　149
3　妨害音波を出してコウモリをかわす蛾　151

11章　アリ ― 小さな体に秘められたパワー ―　155
1　筋肉の収縮より速い動きをどうやってつくり出すか　156
2　動物の力と体の大きさの関係　161

あとがき　165
参考文献・引用文献　169
索　引　173

写真提供
図 1･1：cynoclub/Shutterstock.com
図 1･2：bluehand/Shutterstock.com
図 1･3：Eric Isselee/Shutterstock.com
図 1･4：Jaroslav Moravcik/Shutterstock.com
図 4･8：Zeeking/Shutterstock.com
図 6･9：photolibrary
図 7･15：RIKEN
図 11･1：青沼仁志博士（北海道大学）

1章　昆虫はすごい能力の持ち主だ

昆虫は、地球上で最も繁栄した動物群と言われている。その理由は圧倒的な種類数で、知られているだけで１００万種以上の昆虫が地球上に生息している。地球に生息する動物種のおよそ8割は昆虫なのでは、とも言われている。一匹一匹の昆虫を見れば、非常にか弱い生き物に見える。大抵の昆虫は人間が指で押せば簡単につぶれて死んでしまう。鳥などの捕食者に見つかればひとたまりもない。こんな昆虫がどうやってそれほど繁栄することができたのだろう。それを考えるとき、昆虫は人間の想像を絶するような数々の高い能力をもっていることを誰もが思い出すのではないだろうか?

まず、擬態である。枝にそっくりなナナフシ（図1・1）、木の葉にそっくりなコノハムシ（図1・2）、ランの花にそっくりなハナカマキリ（図1・3）。いくらでも例を挙げることができる。その他にも、例えばミツバチ（図1・4）はダンスを踊って仲間に花のありかを教えることはよく知られている。最近の研究では、ミツバチは左右、上下、大小、同じ／違う、を識別でき、また簡単な足し算／引き算もできるという[1-1]。ミツバチの脳の幅は2ミリ程度で、人間の脳を20センチとすると、ミツバチの脳の体積は単純計算で人間の脳の１００万分の1しかないことになる。この小さな脳で、こんな芸当をこなしているとは本当に驚きである。

昆虫のもつ、このような「超能力」の数々については多数の論文や記事、書籍が発行されているので、それらをご覧いただくこととして、本書では多くの昆虫種に共通の繁栄要因となったと

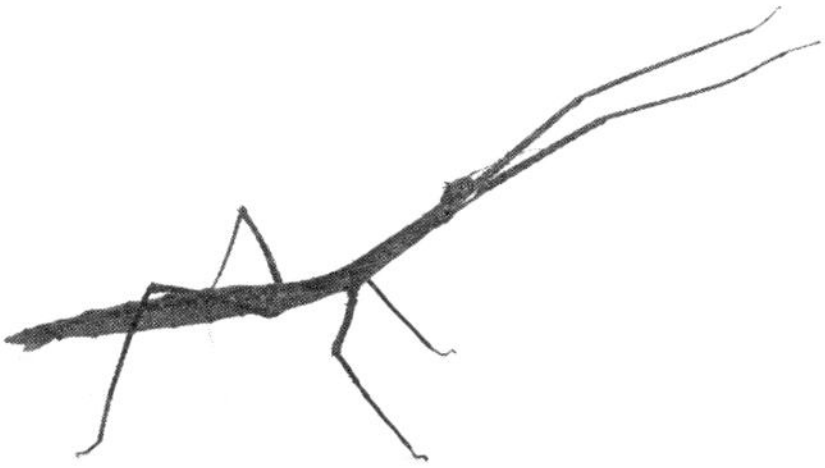

図1·1　ナナフシ

図1·3　ハナカマキリ

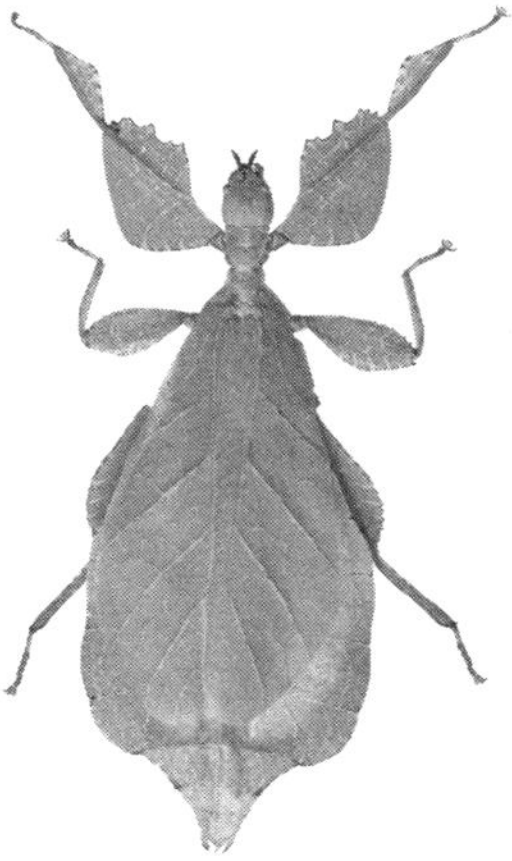

図1·2　コノハムシ

図1·4　ミツバチ

考えられる「飛ぶ能力」をメインなテーマとして、昆虫の飛ぶこと（飛翔《ひしょう》）をつかさどる飛翔筋をはじめとした、昆虫の筋肉のすぐれた性能について解説する。

昆虫に筋肉があるのかって？　もちろんありますよ。こんなことを申し上げるのは、これまでに私がお話をした一般の方の中には、「昆虫に筋肉なんかあるわけない」とおっしゃる方もおられたので。それでは、昆虫の筋肉は人間のものとはまったく違うスーパーな筋肉なのか？　それとも人間の筋肉と一緒なのか？　この二つの問いに対する答えは、両方イエスである。私がそのように申し上げる意味をわかっていただくために、まず人間の筋肉がどのようなものであるかを思い出してみよう。

2章　まずは人間の筋肉を知る

私たち人間を含む動物が植物と違うところは「動く」ということであり、その動きは多くの場合筋肉が担っている。人間を含む脊椎動物も、昆虫を含む節足動物も、同じ「動物界」の一員で、動くために筋肉を使っていることに変わりはない。そして両者の筋肉は、つくりも働きも基本的には同じである。したがって、昆虫の筋肉の話をする前に、人間の筋肉がどのようなものか「おさらい」をしておくと、昆虫の筋肉を理解するうえでも役立つであろう。ここでは随分基本的なことも書いているので、「そんなことはわかっている」という読者の方は、「昆虫の筋肉」まで読み飛ばしていただいて構わない。

1　人間の筋肉の種類と使い分け：骨格筋・心筋・内臓筋

人間の筋肉は、働きのうえからは大きく三つに分けることができる。骨格筋、心筋、内臓筋である（図2・1）。骨格筋は、通常は腱を介して骨につながっており、手足の動きなどを担う筋肉である。もちろん舌筋や眼筋など、両端が骨につながっていないものもあるけれど、これらに共通して言えることは、まず随意筋であること、つまり意思の力によって動かすことができることである。骨格筋を支配している神経は運動神経である。また後で説明する内臓筋に比べると、短縮の速度が圧倒的に大きい。構造的には横紋筋といって、顕微鏡で見ると横縞《じま》が等間隔でたくさん並んでいる筋肉である。この横紋筋の構造についてはで詳しく説明する。

心筋は文字通り、心臓をつくっていて心臓の拍動を担っている筋肉である。こちらも横紋筋であるが、意思の力によって制御できない不随意筋である。心筋も神経により収縮の調節を受けるけれど、支配しているのは交感神経・副交感神経といった自律神経である。

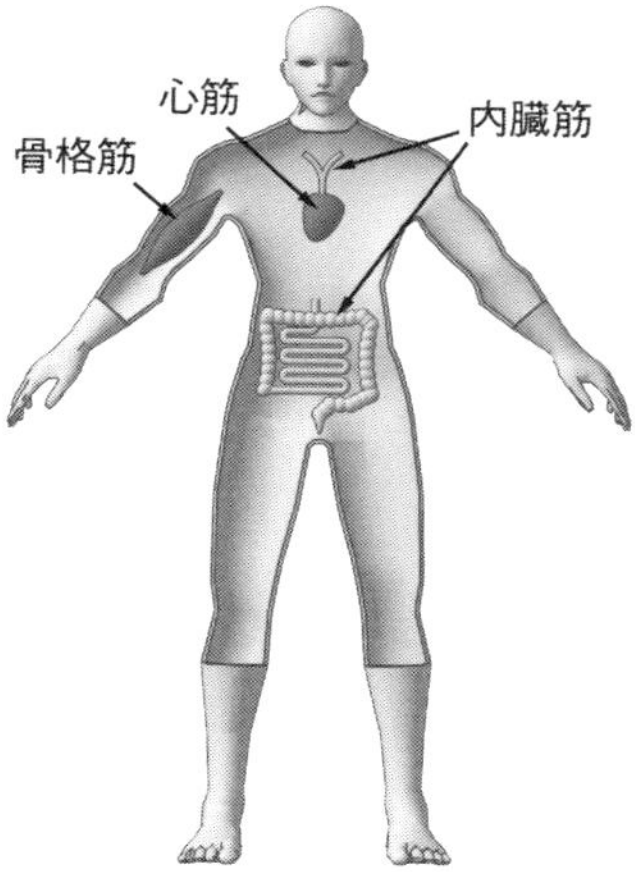

図2·1　人間の筋肉

内臓筋は消化管、血管、泌尿器などの中にある筋肉で、不随意筋でやはり自律神経の支配を受けている。機能的な特徴は、骨格筋に比べて短縮の速度が圧倒的に小さいことである。構造的には顕微鏡で見ても横縞が見えない、平滑筋とよばれるものである。同じ平滑筋でも、消化管のものと血管のものでは性質が違い、蠕動運動《ぜんどううんどう》をつかさどる消化管の平滑筋は比較的短縮速度が大きく、いつも縮んでいるわけではない「一過性の筋肉」（英語では phasic muscle）というが、血管の平滑筋は短縮が遅く、常に縮んだ状態で血圧を保つ「緊張性の筋肉」（英語では tonic muscle）とよばれる。

まとめ：

（1）人間の筋肉は大きく分けて、骨格筋、心筋、内臓筋からなる。
（2）骨格筋と心筋は、顕微鏡で横縞《じま》の見える横紋筋、内臓筋は横縞の見えない平滑筋である。
（3）骨格筋は意思の力で制御できる随意筋、その他は不随意筋である。

2 骨格筋（横紋筋）のつくりと働き

さて、人間の筋肉と比較しながら昆虫の筋肉を理解するうえで重要なのは骨格筋（横紋筋）なので、骨格筋のつくりと働きを詳しく見ていくことにしよう。図2・2は人間を含む脊椎動物の骨格筋の構造を簡単に説明したものである。1本の筋肉は、太さが100マイクロメートル（1マイクロメートルは1ミリメートルの千分の一）程度の筋細胞（筋線維）がたくさん集まってできている。筋細胞の長さは筋肉によってまちまちで、数センチメートル程度と非常に長いことがある。骨格筋の筋細胞は、細胞としては例外的に大きいものだが（通常の細胞は大きさが数マイクロメートルから数十マイクロメートルくらいで、細長い形のものは少ない）、それはもともと小さな細胞が多数融合してできたものだからである。そのため、筋細胞はたくさんの核をもって

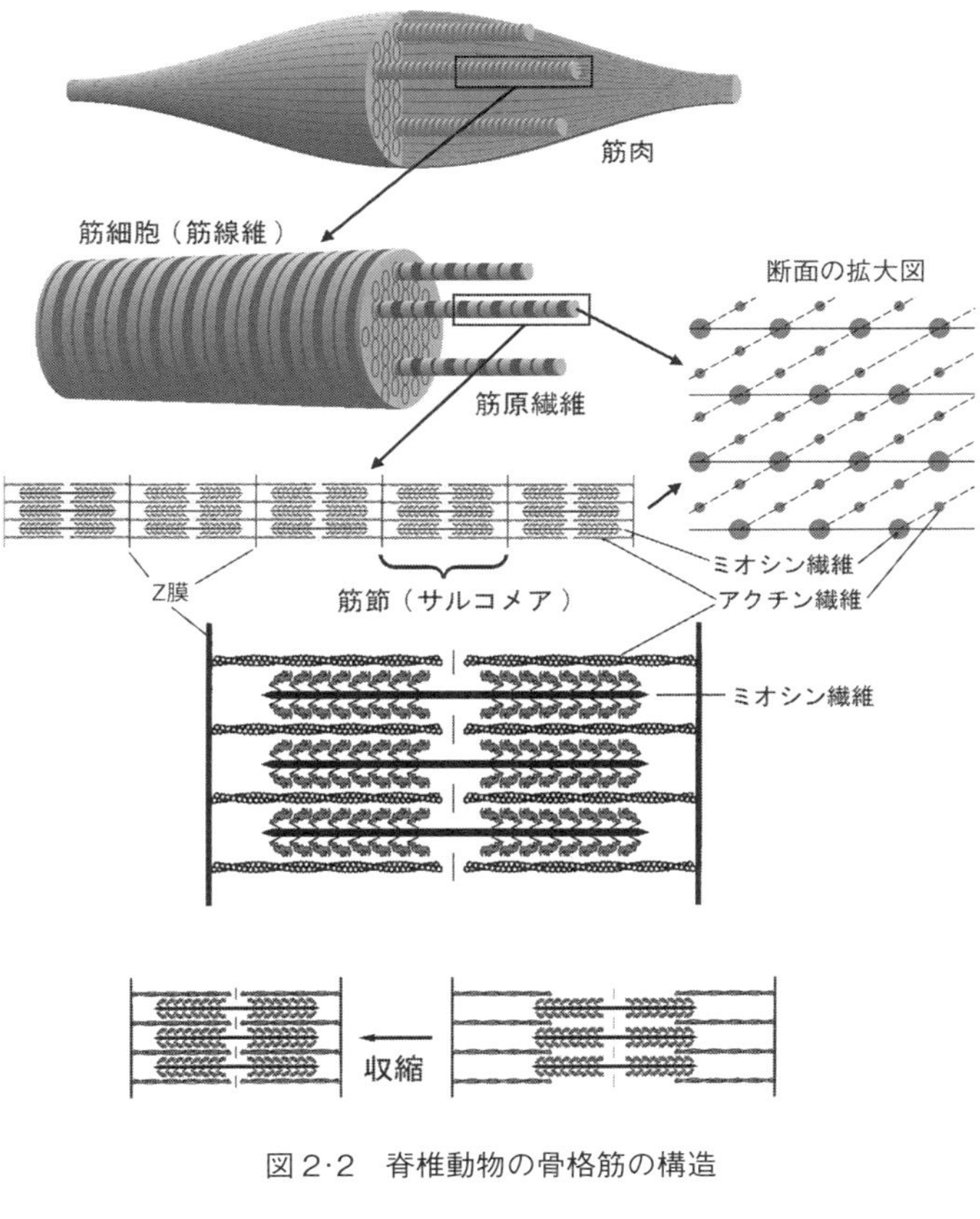

図2·2　脊椎動物の骨格筋の構造

いる。核とは、遺伝子を格納している細胞小器官で、通常は一つの細胞に1個である。

さらに1本の筋細胞には、太さが1~2マイクロメートル程度の「筋原繊維」とよばれる繊維がぎっしり詰まっている。この筋原繊維をさらに拡大すると、1本の筋原繊維は、「筋節」または「サルコメア」とよばれる長さ2~3マイクロメートル程度の繰り返し単位が直列に多数並んでできていることがわかる。このサルコメアは、筋肉の収縮機能の最小単位である。隣り合ったサルコメア同士は「Z膜」とよばれる膜状の構造で仕切られており、収縮の力はその間にある2種類のタンパク質でできた繊維（アクチン繊維とミオシン繊維）がお互いに滑りあうことで生じる。アクチン繊維はZ膜に直接つながっていて、サルコメアの中央では途切れているが、ミオシン繊維はサルコメアの中央にあって、Z膜とは直接つながっていない。ミオシン繊維は、サルコメアの両側のアクチン繊維を引き寄せるような力を出すのである。その収縮力はZ膜を介して隣のサルコメアに伝えられ、最終的には筋細胞の端に付着した腱を介して骨まで伝えられることになる。

筋細胞の中には、筋原繊維以外に、収縮にとって大事な役割を果たす構造（細胞小器官）が含まれている。一つはミトコンドリアで、これは筋収縮のエネルギー源であるATP（アデノシン三リン酸、図2・3）を生産する。ATPは生体エネルギーの通貨とよばれており、食物に含まれるエネルギーは、炭水化物のものであれ、脂肪のものであれ、代謝によって最終的にはすべてATPのエネルギーに変換されてから細胞内で利用されるのである。ATPには文字通り3個

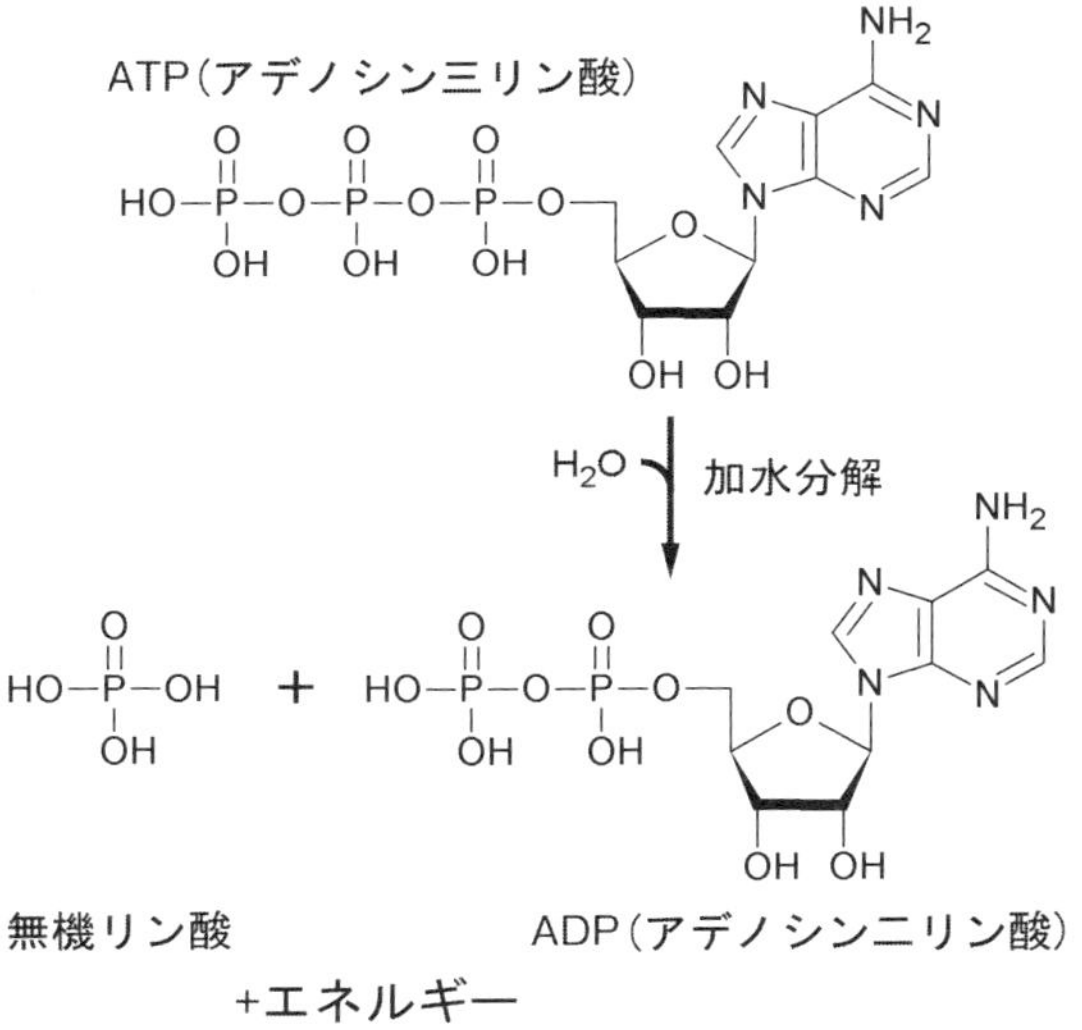

図2·3　ATP（アデノシン三リン酸）の構造と、
その加水分解によるエネルギーの放出

のリン酸が結合しており、このうちの1個が外れてADP（アデノシン二リン酸）に分解されるときに大きなエネルギーが放出され（図2・3）、これが筋収縮はもちろん、細胞のあらゆる活動に利用される。このADPに再びリン酸を結合させてATPに再生する工場がミトコンドリアというわけである。

もう一つは筋小胞体という袋状の構造である。これは簡単にいうと、カルシウムイオンを蓄える袋である。これの役割については、4章「骨格筋は、どうやって縮んだり緩んだりするか？」で、詳しく説明することにする。

まとめ：

（1）骨格筋は階層構造をもつ。　骨格筋→筋細胞→筋原繊維。　筋原繊維の機能は、力を出すことである。

（2）筋原繊維をつくるサルコメアは、収縮機能の最小単位である

（3）筋原繊維以外で、収縮にとって重要な細胞内の構造（細胞小器官）には、ミトコンドリアと筋小胞体がある。

（4）ミトコンドリアは、エネルギー源であるＡＴＰを産生する。

（5）筋小胞体は、カルシウムイオンを蓄える。

3章　筋肉をつくっているタンパク質とは

1　骨格筋をつくるタンパク質：タンパク質とは何か

ここで本題に入る前に、タンパク質とはいったい何かについて、少しおさらいをしておきたい。ここから19ページ半ばまでは、ごく基本的なことを解説するので、「わかっているよ」といわれる読者の方は読み飛ばしていただいて問題ない。

筋肉といえば「肉」であり、「肉」といえばタンパク質である。そのとおりに、タンパク質は筋肉の主要な構成成分である。ここで、タンパク質とはいったい何かということを説明しておこう。

タンパク質とは、多数のアミノ酸が鎖のように1列につながったものである（図3・1上）。タンパク質をつくるアミノ酸は、全部で20種類ある（グリシン、トレオニン、セリン、アスパラギン酸、アスパラギン、システイン、アラニン、プロリン、バリン、イソロイシン、ヒスチジン、ロイシン、メチオニン、フェニルアラニン、グルタミン酸、グルタミン、リシン、アルギニン、トリプトファン、チロシン）。これらのアミノ酸には、水に溶けやすいもの、溶けにくいもの、酸性のもの、アルカリ性のものなどがあって、性質はみな異なっている。このように性質の違うアミノ酸のつなげ方には、無限の組み合わせがあるので、無限の種類の、性質の異なるタンパク質ができてくることになる。アミノ酸をいくつ、どういう順序でつなげるかについての情報

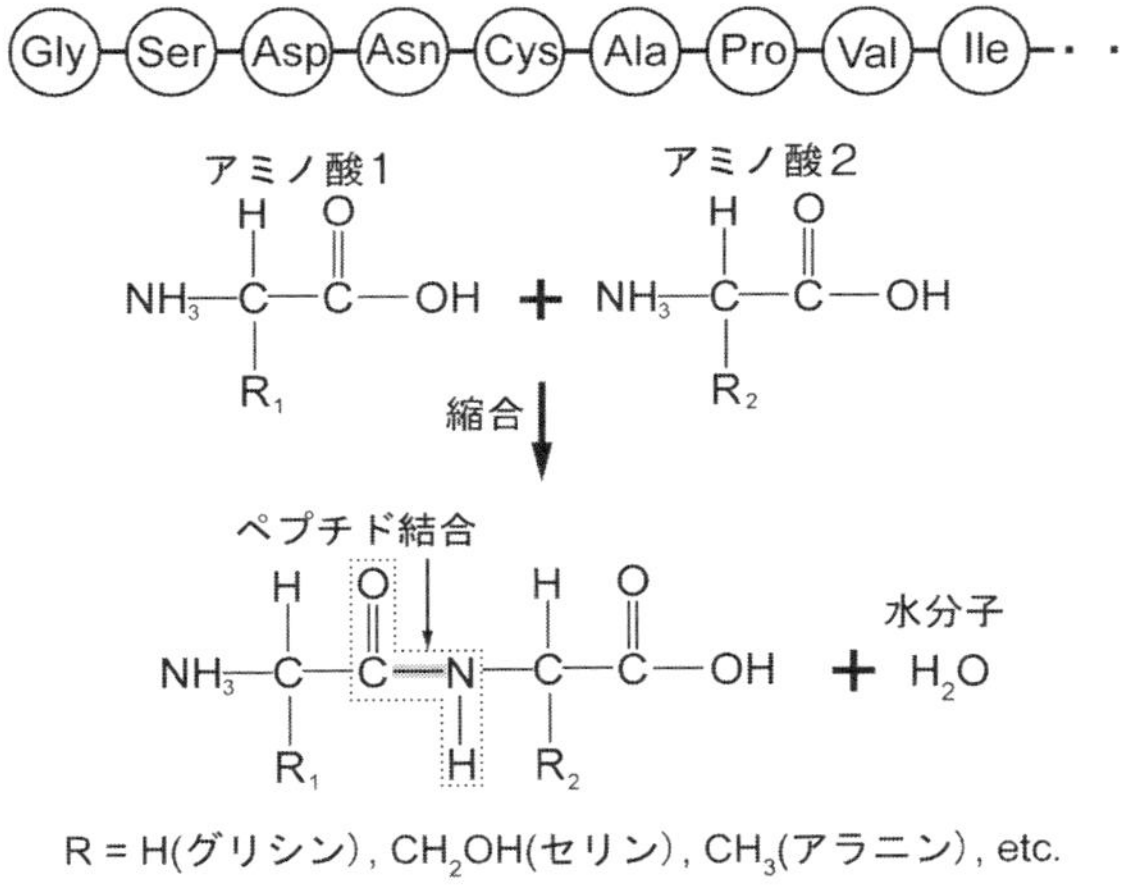

図3·1　直線状に表したタンパク質の構造（上）と、アミノ酸同士が結合（縮合）してタンパク質ができる様子（下）
上は円が1個のアミノ酸を表し、円の中に記されているのはアミノ酸の種類の3文字表記（Glyはグリシン、Serはセリン、等々）。下のアミノ酸の化学式のうち、タンパク質をつくるものはRの部分だけが異なり、他は共通である。Rの違いにより20種の異なるアミノ酸ができる。

は、遺伝子がもっている。

アミノ酸をつなげる、というのは言葉として不正確なので、もう少し詳しく説明しよう。アミノ酸同士の結合の仕方は「共有結合」といって、非常に強い結合なのであるが、2個のアミノ酸が共有結合をつくるとき、1個の水の分子が外れる。水の1分子が外れて結合ができる化学反応のことを、「縮合」という。アミノ酸には、かならずカルボン酸（カルボキシ基、化学式ではCOOH）という酸と、アミン（アミノ基、化学式ではNH_2）が存在する。一方のアミノ酸のカルボキシ基からOHが外れ、他方のアミノ酸のアミノ基から1個のHが外れて、それらが1分子の水（H_2O）になるというわけである。その結果、ペプチド結合（CONH）というものができて、最終的には炭素原子と窒素原子だけが共有結合でつながった、強固な骨組みができることになる（図3・1下）。

この結合の反応とまったく逆の反応では、水1分子を加えて結合を切り、元のアミノ酸に戻すことになるので、この逆反応のことを「加水分解」という。われわれが肉を食べたとき、胃や腸の中で起こる「消化」というのはまさにこの加水分解反応で、この加水分解反応をとりもつのは胃から分泌されるペプシンや、すい臓から十二指腸に分泌されるトリプシンなどの消化酵素である。そして最終的に、元のアミノ酸まで加水分解されてから吸収される。

ちなみにコラーゲンもタンパク質の一種なので、これを多く含む食品を食べたとしても、完全にアミノ酸まで分解されてから吸収されるので、コラーゲンとしての性質は一切失われることになる。だから、コラーゲンを含む食品をいっぱい摂ったとしても、そのまま吸収されて肌がつやつやになったりはしないのである。

タンパク質は、構成するアミノ酸の順序が正しければそれでいいというわけではない。タンパク質が正しく働くためには、アミノ酸の鎖が正しく折りたたまれて、正しい立体の形にならないといけない（図3・2）。さらに、正しく折りたたまれたタンパク質の分子同士が結合して、あたかも一つのタンパク質の分子のようになることが、正しく働くために必要なことが多い。1種類のタンパク質が、鎖や棒の形にたくさん結合することもある（これを重合という）。これらの結合にかかわる化学結合は、イオン結合（アミノ酸の正と負の電荷が引き合ってできる）や疎水結合（水に溶けにくいアミノ酸同士が水の中で引き合うもの）などで、共有結合よりも弱い。そのため、タンパク質のまわりのおだやかな環境の変化で、外れてしまうことがある。これを「解離」（重合したものに関しては脱重合）という。また種類によっては、細胞が生きている状態で（生理的条件で）自発的に結合・解離を繰り返すことが、そのタンパク質が正しく働くためには必要なこともある。

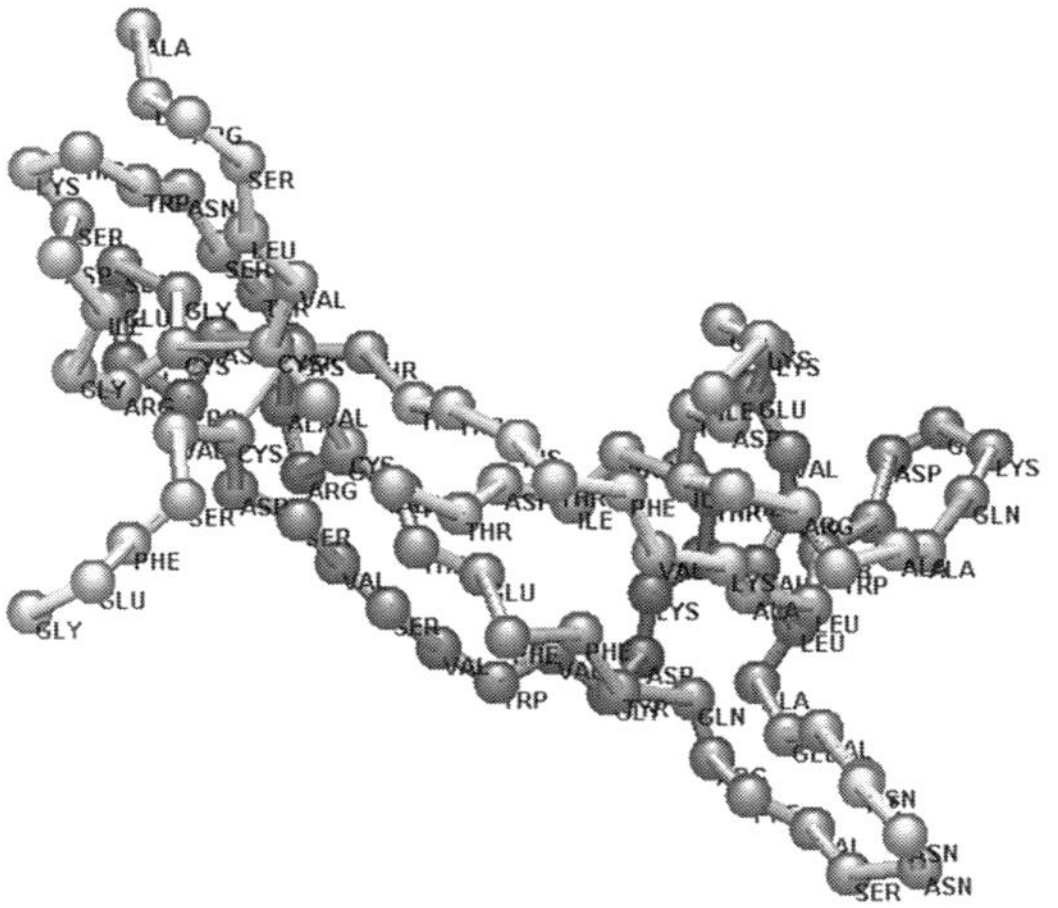

図3·2　タンパク質の鎖が立体的に折りたたまれた様子
図の例は神経成長因子という小型のタンパク質。構造データはプロテイン・データバンク（PDB）より。

タンパク質は一般に、熱を加えると折りたたまれ方が崩れてしまい、正しく働けなくなる。これを「変性」という。ヒトのタンパク質は、体温よりも高い40℃以上の温度で変性してしまう。熱による変性は熱変性というが、タンパク質はそれ以外にも様々な要因で変性する。変性していないタンパク質は、水に溶けた状態では通常透明である。それが変性すると白色に濁ったり、あるいは水中でタンパク質の分子同士が不規則にくっつきあって（凝集して）、いわゆるダマができたりする。卵の白身を加熱すると白くなるのはそれである。また、イカの身は（食べる部分はほとんど筋肉である）、イカが生きているときは透明なのだが、切り身としてスーパーに並ぶときには真っ白になっている。これも変性だが、イカの身は加熱しなくても、死後短時間で変性してしまう。

牛や豚の肉も、加熱すればもちろん変性するが、食物として食べる分には変性していても問題ない。変性した様子をみて「火が通った」などというが、これは変性したから安心、ということではなくて、変性が起こる加熱条件では病原体や寄生虫も死滅するので安心、ということである。

食べるうえでは十把《じっぱ》一からげにタンパク質でも構わないが、生きている体の中でのタンパク質を考えた場合には、タンパク質にも非常に多くの種類がある。それは、上に説明したとおり、アミノ酸を並べる順序を考えただけで膨大な種類のタンパク質ができるし、それがどう折りたたまれるかでもさらに多くの種類ができると予想されるからである。たとえばアミノ酸を4個並べただけでも（これだけ少ないとタンパク質とはよばれないが）、20の4乗で実に16万種類の並べ方がある。

まとめ：
（1）タンパク質とは、20種類あるアミノ酸が1列に結合してできたもの。
（2）タンパク質の性質は、アミノ酸の数と並ぶ順序で決まる。
（3）タンパク質が働くためには、アミノ酸の鎖が正しく折りたたまれる必要がある。
（4）タンパク質に熱を加えたりすると、折りたたまれ方が崩れて変性する。

2　タンパク質の種類

タンパク質を、その働き方から分類してみよう。まず、大事なものは「酵素」である。われわれが生きているということは、われわれの体の中で絶え間なく化学反応が起こっているということであり、その化学反応に欠かせないものが酵素である。体の中で起こっている化学反応の種類の数だけ、酵素の種類があると考えてよい。酵素は、「触媒」といって、化学反応をつかさどる（自発的にはほとんど進まない化学反応を加速させる）けれども自分自身は変化しないもの、と一般には考えられているが、実際には、自分自身も変化して一緒に化学反応をするけれど、一連の反応が終われば元に戻るもの、といったほうがいいだろう。

例を挙げると、われわれがご飯やパンを食べたとき、それに含まれるデンプンが口の中で最初に出会う酵素がアミラーゼで、これによってデンプンの長い糖の鎖が短く切断される。これが消化管を通るうちに様々な消化酵素によって最終的には1個1個のブドウ糖の分子にまで分解されて吸収される。さらにブドウ糖が細胞内に取り込まれると、解糖系と、クエン酸回路（TCA回路、TCAサイクル）という、ぐるぐる環状に回る一連の化学反応によって二酸化炭素と水にまで分解され、ブドウ糖の分子がもっていた化学エネルギーは、最初の方で述べたATP（アデノシン三リン酸）という形に変換されるのだが、ここで起こるすべての化学反応の一つ一つに、それぞれ別の酵素が関与しているのである。

2番目のタンパク質の種類は、「構造タンパク質」である。これは、何かの化学反応をつかさどるわけではないが、生物を形づくり、形と強度を保つのに大事な役割をしている。代表的なものが、コラーゲンとケラチンである。コラーゲンは靭《じん》帯や腱の主要成分である他、皮膚や骨にも多く含まれている。ケラチンは皮膚に強度を与え、毛や爪の硬さを保つ主要なタンパク質である。

上に述べた2種類のタンパク質の他に、特に筋肉で大切なのが「モータータンパク質」とよばれるものである。これは生体に必要な運動を起こすタンパク質で、筋肉の収縮を起こすミオシン、精子の鞭《べん》毛運動（「筋肉をもつ動物の進化」5章1節で解説）を担うダイニン、神経の中の物質の輸送を行うキネシンが代表的なものである。「骨格筋（横紋筋）のつくりと働き」（2章2節）のところで述べたミオシン繊維というのは、このミオシンの分子が多数集まって繊維状になったものである。また、筋肉の中にあって収縮に直接関連するタンパク質をまとめて「収縮タンパク質」ということもある。

その他、タンパク質には非常に多くの種類があり、ここではすべてを説明することはできないが、筋肉の機能と関連が深いものとして、膜タンパク質（細胞膜や細胞の中の膜に存在する）、弾性タンパク質（バネの役割をする）などが挙げられる。膜タンパク質には、イオンチャネル（開閉できる穴があり、特定の種類のイオンの通り道になる）、イオンポンプ（エネルギーを使い、膜を横切って特定のイオンを輸送する）、受容体タンパク質（ホルモンなど特定の物質と結合し、その情報を細胞内に伝える）などがあり、種類も機能も非常に多い。

まとめ：タンパク質の種類で、特に筋肉にとって重要なものには、以下のものがある。

（1）酵素（化学反応をつかさどる）
（2）構造タンパク質（生物を形づくる）
（3）モータータンパク質（運動をつかさどる）
（4）膜タンパク質（膜を横切る物質の移動や情報伝達を担う）
（5）弾性タンパク質（バネの役割をする）、その他多数

3　筋肉の主要なタンパク質

筋肉の最も重要なタンパク質その1：ミオシン

それでは、このミオシン分子をじっくり見てみよう（図3・3）。まず、ミオシン分子には「頭部」と「尾部」がある。頭部は、アミノ酸の鎖が複雑に折りたたまれてできている（タンパク質が働くためには、アミノ酸の鎖が正確に折りたたまれている必要がある）。尾部は、アミノ酸の鎖がらせん状に巻いていて、α（アルファ）へリックスとよばれる構造で、これが一直線に伸びている。この頭部と尾部は1本の連続した鎖で、全部で約2000個のアミノ酸がある。これはタンパク質としてかなり大きい部類で、「重鎖」とよばれている。その他に、頭部にはずっと短いアミノ酸の鎖が折りたたまれたものが2個付いており、これらは「軽鎖」とよばれている。

このように1本の重鎖と、2本の軽鎖でできたものが二つ、尾部のところで絡み合ってできたものが、1個のミオシン分子である（図3・3の右中段）。このように、1個のタンパク質の分子が複数のアミノ酸の鎖でできているとき、その1本1本を「サブユニット」という。複数のサブユニットからできたタンパク質の種類は非常に多い。

ミオシンの尾部同士が絡み合うとき、2本の鎖（すでにαへリックスのらせん形をしている）がさらにらせんの形でねじれて絡み合うため、このような構造のことを「コイルドコイル（coiled

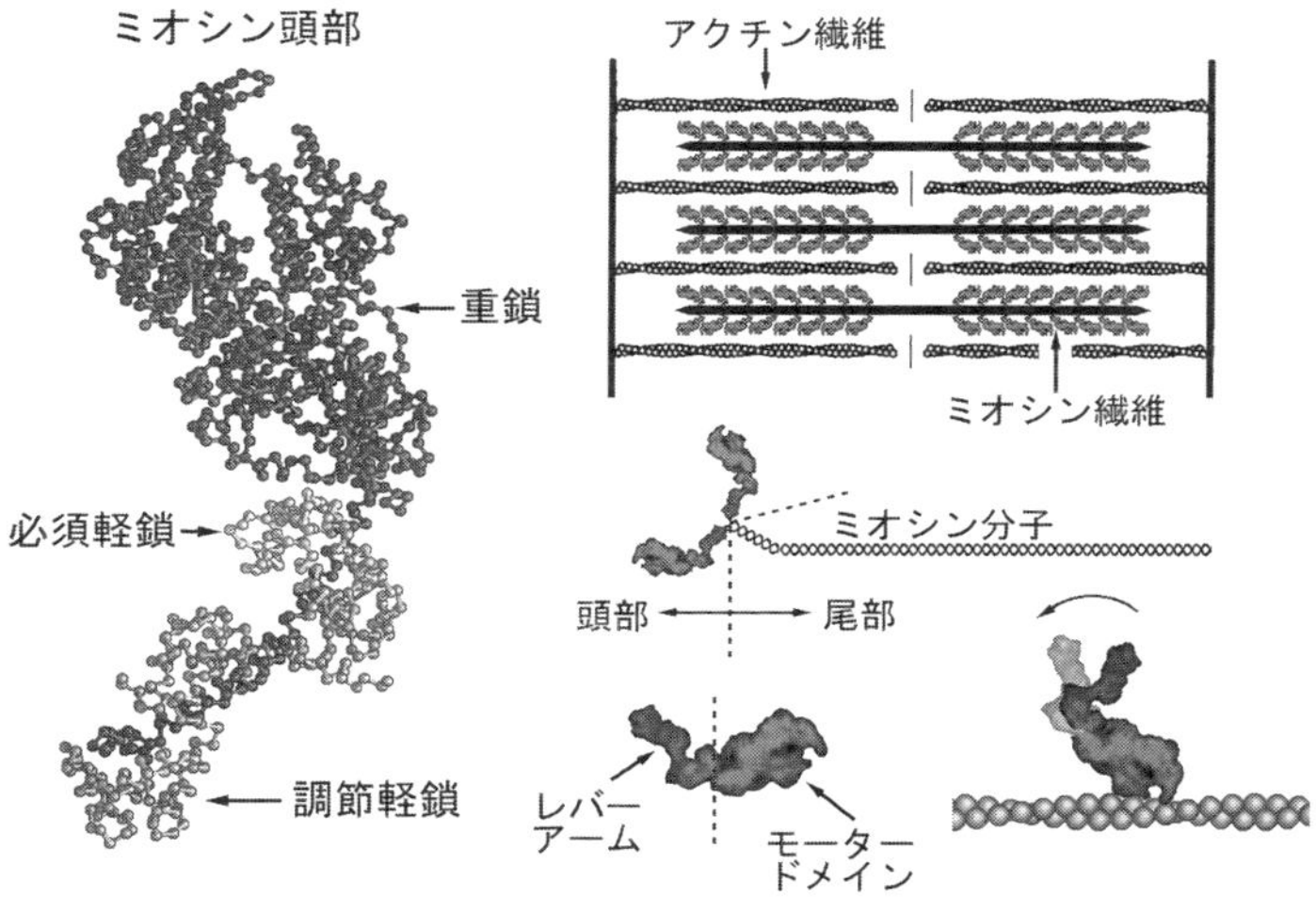

図3·3　ミオシン分子
左は頭部のみを拡大したもので、重鎖は尾部まで連続している（PDBより）。右下は頭部のモータードメインがアクチン繊維に結合した状態で、レバーアームが首振り運動する様子（これが筋収縮を引き起こすと考えられている）。

coil)」という。このコイルドコイルの構造をもった尾部は、さらに別のミオシン分子の尾部と一定間隔でずれながら結合しあい、全体としてミオシン繊維を形づくるのである。したがって、ミオシン繊維を見ると、その真ん中には尾部だけが集まって棒状になった部分（これをバックボーン＝背骨とよぶ）があり、そのまわりに頭部がたくさん突き出した形になっている。また、ミオシン繊維の中央を境にして、ミオシン分子の向きが正反対になっている。つまり、左右対称の形をしている。この左右対称の形は、サルコメアの中で力を正しい向きに伝えるのに重要である。

ミオシンの1個1個の頭部の構造をさらに詳しく見てみよう。1個の頭部は、さらに二つの部分に分けて考えることができる。1個のタンパク質分子の中にいくつかの違う部分があるとき、その部分の一つ一つは「ドメイン」という。ミオシン頭部の場合、その二つの部分は「モータードメイン」と「レバーアーム」とよばれている。モータードメインは、大雑把にいうとフットボールのような形をしている。この部分は、筋肉のもう一つの重要なタンパク質であるアクチンと結合したり離れたり（解離したり）して力を伝える他、ATPを分解して、その化学エネルギーを力学エネルギーに変換する役割をする。ATPを分解するという観点で見ると、ミオシンはATP分解酵素という酵素の一種とみなすこともできる（このように、一つのタンパク質が複数の性質をもっていることは珍しくない）。

一方、レバーアーム（レバー＝lever＝てこ）＋（アーム＝arm＝腕）の部分は細長い形をしていて、ここに先に述べた2本の軽鎖が結合している。レバーアームは、文字通りモータードメインに対して腕または、てこのように首振り運動をする（と考えられている）ので、そのような名前がついている。この首振り運動が、ミオシンが力を出す原動力というわけである。この部分の重鎖は直線状の単純なαヘリックスなので強度がなく、2本の軽鎖が補強しているのであろう。

筋肉の最も重要なタンパク質その2：アクチン

ミオシンの相手になるのがアクチンである（図3・4）。これは400個弱のアミノ酸でできた1本の鎖が複雑に折りたたまれてできており、形は球に近いため、球状タンパク質とよばれる（本当は理想的な球にはほど遠い形だが、この程度に球に近ければタンパク質研究者は球状タンパク質とよぶ）。アクチン繊維は、1個1個のアクチン分子がらせん状に結合（重合）してできたものである。アクチンは、1分子がばらばらでいる状態から結合して繊維をつくるときに1回だけATPを分解するので、ATP分解酵素とよぶこともできるが、ミオシンのように、筋肉が収縮するときに常にATPを分解し続けているわけではない。

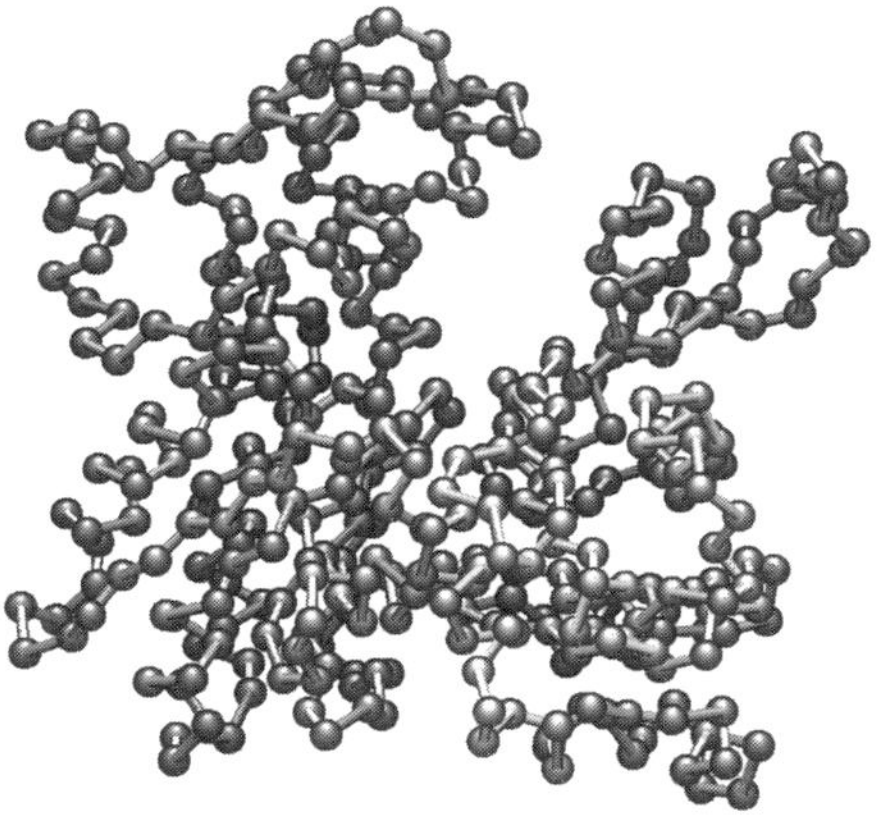

図3·4　アクチン分子
（PDBより）

アクチン繊維は、ミオシンが運動を起こすのに対し、そのレールのような役割をしている。しかしアクチンは筋肉以外にも、あらゆる細胞にあまねく存在していて、非常に多くの役割を果たしている。ある細胞では、その細胞の形を保つ「細胞骨格」として働いており、その意味では構造タンパク質である。別の細胞は、形を変えて盛んに移動するけれど、そのときアクチンは非常に頻繁に結合解離を繰り返しており、アクチン繊維が常に端からできて反対側で壊れているようなことが起きている。細胞が移動するときには、これが原動力になっている。その意味では、アクチンはモータータンパク質と言ってもよい。一方、筋肉の中ではアクチン繊維は非常に安定している。これほど場所によって違う働きをするタンパク質もめずらしいだろう。

なお余談だが、ベニテングタケなど、一部の毒キノコに含まれるファロイジンという毒は、アクチンに結合して繊維の形で安定化させてしまい、結合解離を妨げるというのがその作用である。アクチンが頻繁に結合解離を繰り返すことは、体の正常な機能にとって、とても大切なことなのである。

収縮調節タンパク質

ミオシンとアクチンは筋肉の最も重要なタンパク質ではあるけれど、筋肉にはそれ以外にもたくさんの種類のタンパク質があり、それぞれが重要な役割を担っている。まず、アクチン繊維の上にはトロポニン、トロポミオシンの2種類のタンパク質がある（図3・5）。これらは「収縮調節タンパク質」とよばれ、筋肉が縮んで力を出すか（収縮するか）、力を出すのを止めて緩むか（弛《し》緩《かん》するか）を決めるのに重要な役割を果たしている。

筋肉では、筋細胞の中のカルシウムイオンの濃さ（濃度）が、収縮するか弛緩するかを決めている。収縮と弛緩の境になるカルシウムイオンの濃度は10のマイナス6乗モル、という値で、これは大体1リットルの水の中に塩化カルシウムにして0.1ミリグラムが溶けている濃度である。もし細胞内のカルシウムイオンがこれよりも濃くなれば収縮するし、薄くなれば弛緩する。水1リットルに塩化カルシウムが0.1ミリグラムというのはとても薄い濃度で、水道水にはこれよりもはるかに多いカルシウムイオンが含まれている。だから、もし筋細胞に水道水を注射したりすれば、筋肉は無条件で

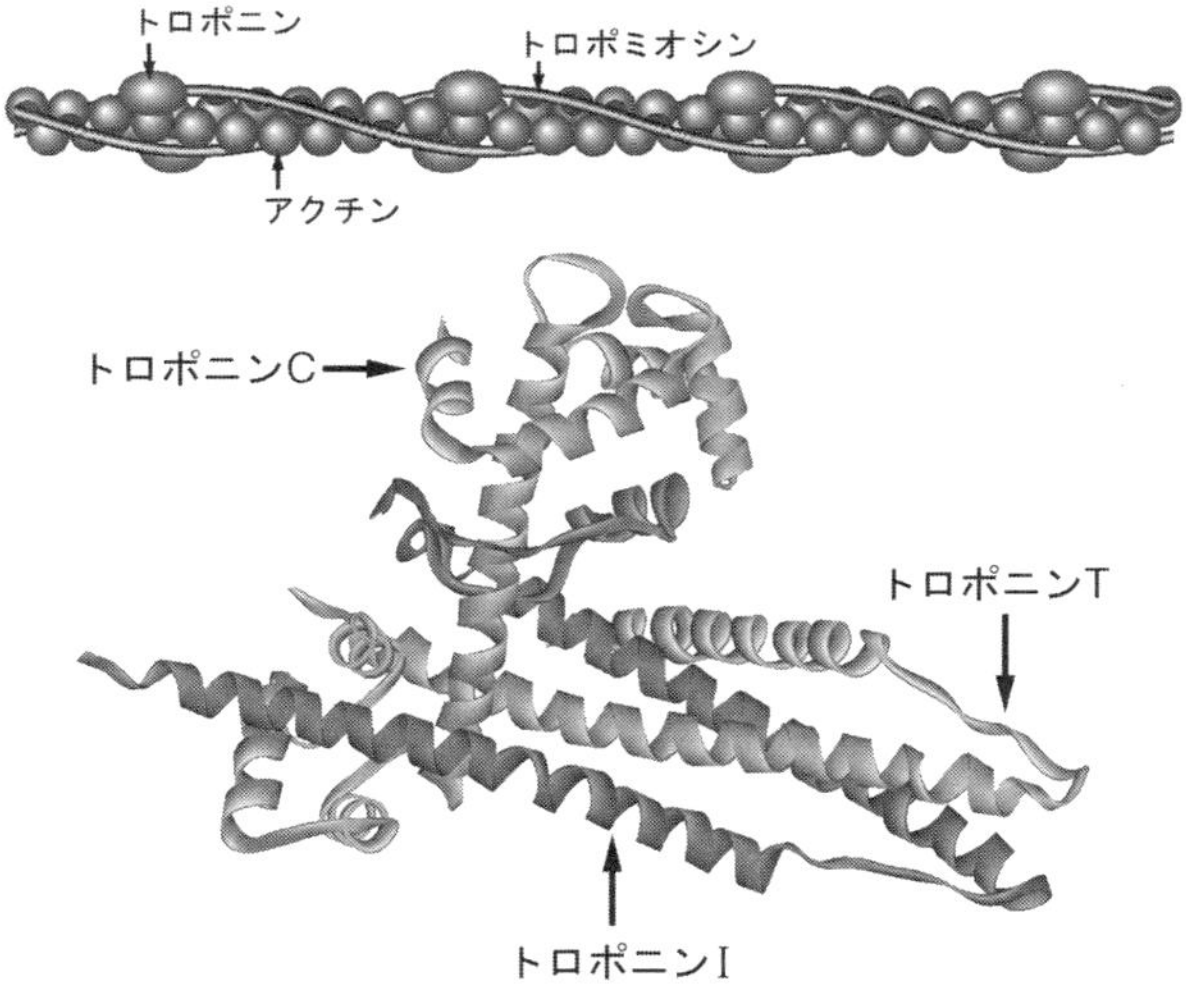

図3·5　アクチン繊維上にある収縮調節タンパク質
トロポニンは上の図では回転楕円体の形に簡略化して描いているが、実際には下のような複雑な構造である（PDBより）。なお、下の図はリボンモデルとよばれるタンパク質構造の表現法。

縮んでしまうことになる（以後、カルシウムイオンは言葉が長いので、単にカルシウムと言うことにする）。

細胞内のカルシウム濃度を検知して、筋肉が収縮するか弛緩するかを決めているのが、トロポニンというタンパク質である。いわば、カルシウムセンサーである。トロポニンは三つのサブユニットからできており、それぞれをトロポニンC、トロポニンI、トロポニンTという。このうち、カルシウムが結合するのがトロポニンCで、このときトロポニンCの構造が変化する。その構造変化は他のサブユニットに伝えられ、トロポニン全体として収縮弛緩の制御をすることになる。トロポニンIはカルシウムがないとき、アクチンとミオシンの相互作用を抑制する役割をもつ。

しかし、トロポニンはアクチンの分子7個に対して1個の割合でしか存在しないので、すべてのアクチン分子を抑制することはできない。そこで、もう一つの収縮調節タンパク質、トロポミオシンの出番である。トロポミオシンは細長い分子で、アクチン繊維の全長にそって並んでおり、すべてのアクチン分子をカバーしている。そして、トロポニンCにカルシウムが結合したかどうかの情報をトロポミオシンに伝えるのがトロポニンTである。カルシウムのないときには、トロポミオシンはアクチンとミオシンが相互作用するのを邪魔する位置にあるが、カルシウムがあるときにはトロポミオシンはどいて、アクチンとミオシンが自由に相互作用できるようになる。このようにして筋肉の収縮弛緩は、これらの2種の収縮調節タンパク質の働きによって、細胞内カルシウム濃度に従って調節されているわけである。

なお、カルシウム濃度で収縮弛緩が決まるのは、どの生物のどんな筋肉でも大体同じである。しかし、脊椎動物の筋肉で、トロポニンによって収縮弛緩の調節が行われているのは骨格筋と心筋で、平滑筋（内臓筋：消化管や血管などにある）では別のやり方により調節が行われている。平滑筋では、前に解説したミオシンの2本の軽鎖（図3・3）のうちの1本が重要な役割を果たしている。この軽鎖は「調節軽鎖」とよばれ、これがリン酸化されると収縮が始まる。リン酸化というのは、タンパク質の中の特定のアミノ酸（リシンかトレオニン）に、リン酸が共有結合することである。このリン酸化の反応を起こすのがリン酸化酵素（キナーゼ）で、この酵素はカルシウムがあるときに活性化される。

キナーゼは、ATP（アデノシン三リン酸）を分解し、3個あるリン酸のうちの1個をタンパク質に結合させる。この結合が切断されてリン酸が軽鎖から外れると（脱リン酸化されると）、平滑筋は弛緩することになる。この切断を行う酵素は「フォスファターゼ」とよばれる。

細胞の中には多数の種類のキナーゼがあり、リン酸化する相手のタンパク質の種類が決まっていることが多い。また活性化する因子はカルシウムとは限らず、サイクリックAMPのような信号物質だったりする。このように、キナーゼは特定の信号があるときだけ働くのだが、フォスファターゼは通常いつも働いている。したがって、キナーゼが活性化されていなければ、タンパク質は自然に脱リン酸化されて元に戻ることになる。この調節のやりかたは、収縮のエネルギー以外にもATPを消費してしまうので、収縮弛緩の速い筋肉ではエネルギー効率が悪くなる。したがって収縮弛緩がゆっくりな平滑筋向きの調節のやりかたと言えるだろう。

無脊椎動物ではさらに異なる調節のやり方がある。ホタテガイの貝柱では、ミオシンの軽鎖にカルシウムが直接結合することによって収縮が起こる。カルシウムが結合するのは調節軽鎖ではなく、必須軽鎖のほうである（図3・3）。刺身などで食べるホタテガイの貝柱は、殻を速く開閉させて泳ぐのに使われるもので、貝類には珍しく横紋筋である。このような速い動きには、エネルギー効率の点から、リン酸化よりはカルシウムの直接結合のほうが適しているのだろう。

弾性タンパク質

筋肉は収縮していなくても、引き伸ばせば元にもどろうとする、バネのような性質を示す。これは、細胞の外側にあるコラーゲンによることもあるが、コラーゲンを完全に取り除いても、やはりバネのような弾性を示す。これは、サルコメアの中にバネのような性質を示すタンパク質があるからである。このようなタンパク質を、「弾性タンパク質」とよぶ。脊椎動物の骨格筋で最も重要な弾性タンパク質は、コネクチン（またはタイチン）とよばれるタンパク質である（図3

・6）。

これは、サルコメアの境にあるZ膜と、ミオシン繊維を結んでいる非常に細長いタンパク質で、あまりに細いため、電子顕微鏡で観察してもよく見えない。コネクチンは、両側からミオシン繊維を引っ張っているので、ミオシン繊維は安定してサルコメアの中央にいることができる。もしミオシン繊維がサルコメアの片側に寄ってしまったら、力が偏ってまともに収縮ができなくなるであろう。このような弾性タンパク質は、動物の種類によっていろいろな名前でよばれているけれど、どの筋肉にも普遍的に存在しているものである。

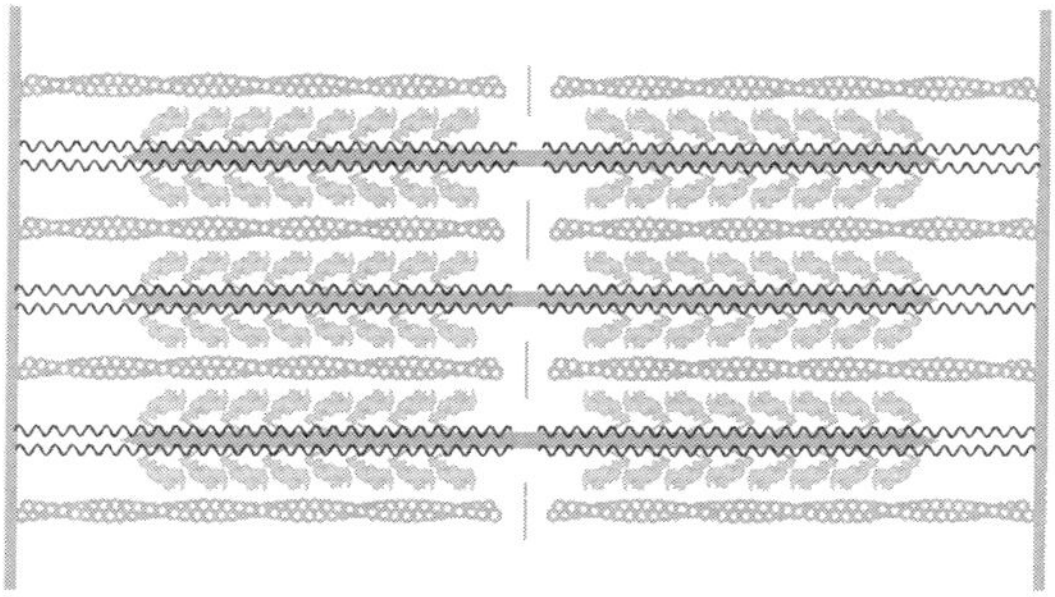

図3·6　コネクチン
Z膜からミオシン繊維に沿ってサルコメアの中央まで延びている巨大タンパク質。バネの役割をするが、実際に図のようにコイル状の形をしているわけではない。

コネクチンは、1本のアミノ酸の鎖でZ膜からサルコメアの中央まで、1マイクロメートル程度の長さを結んでいる。これは一つのタンパク質の分子としては異例の長さで、巨大タンパク質といってよい（通常は大きくても数十ナノメートル程度）（1ナノメートルは1マイクロメートルのさらに千分の一）。

コネクチンは、同じような形に折りたたまれたドメインが単位になって繰り返し1列につながったような構造をしている。このドメインが両側から引っ張られると、折りたたみがほどけて一直線になってしまう。しかし、また再び折りたたまれようとするため、その力が弾性となって現れるのだといわれている。

心筋は骨格筋に比べると非常にこりこりとして硬いけれども（焼き鳥や焼き肉のハツを思い出して欲しい）、これはコネクチンの含量が骨格筋に比べて多いことが要因である。心臓はどれほど大量の血液が流入してきても、それを1回の拍動で送り出さないといけないが、その働きに対してコネクチンに由来する高い弾性が大事な役割をしているわけである。

その他のタンパク質

上に述べたタンパク質以外で、重要なものを一つだけ紹介しておく。それは、α（アルファ）-アクチニンというタンパク質である。これは、サルコメアの境界であるZ膜をつくっている主要なタンパク質で、アクチン繊維をつなぎとめ、収縮力を隣のサルコメアに伝える役割をしている。このZ膜を境に、隣り合ったサルコメアのアクチン繊維の向きは正反対になるので、そのようにアクチン繊維の端を正しい向きに固定するのがα-アクチニンの役割である。また、上に述べたコネクチンの端を固定する役割も担っている。

まとめ：筋肉の主要なタンパク質

（1）ミオシン：最も重要なタンパク質の一つ、収縮力を発生する。

（2）アクチン：最も重要なタンパク質の一つ、ミオシンの発生する力を受けるレールの役割をする。

（3）トロポニン、トロポミオシン：収縮調節タンパク質で、カルシウムがあるときに収縮を開始させる。

（4）コネクチン（タイチン）：弾性タンパク質で、ミオシン繊維をサルコメアの中央に保つ。

（5）α-アクチニン：アクチン繊維をZ膜に固定し、アクチン繊維にかかる力を次のサルコメアに伝える。

４章　骨格筋は、どうやって縮んだり緩んだりするか？

1 筋肉の収縮―弛緩サイクルとは?

骨格筋は、いつも収縮していればいいというものではない。必要なときだけ収縮し、それ以外のときには緩んで（弛緩して）いなければいけない。これを、どのように制御しているのであろうか。骨格筋は、自分の意思で縮ませるか緩めるかをコントロールできる随意筋である。ということは、脳で出した指令が骨格筋まで伝わるということである。この指令を伝えているものは神経なのであって、筋肉に縮めという指令を伝える神経のことを特に「運動神経」という。

この運動神経によって伝えられる指令の本質は、電気信号である。細胞が生きているときには、細胞の内側は、細胞の外側に対して、マイナス80ミリボルトくらいの電圧（電位差）になっている。これが、細胞の種類によっては、刺激を受けると一時的にこの電圧が消失し、細胞の内側の方が電圧が高い状態になる（図4・1）。これを、細胞が「興奮する」といい、このような性質をもっている細胞を「興奮性細胞」という。細胞の興奮は、細胞内のいろいろな反応の引き金になる。神経細胞や筋細胞も、典型的な興奮性細胞である。

細胞の興奮がどうやって起こるかというと、それは細胞の外から中へイオンが流れ込むことによって起こる。通常はナトリウムイオンであるが、カルシウムイオンのこともある。イオンは電荷をもっているので、イオンが流れるということは電流が流れるということである。ナトリウムイオンやカルシウムイオンは正の電荷をもった陽イオンで、塩化物イオンなどは負の電荷をもった陰イオンである。

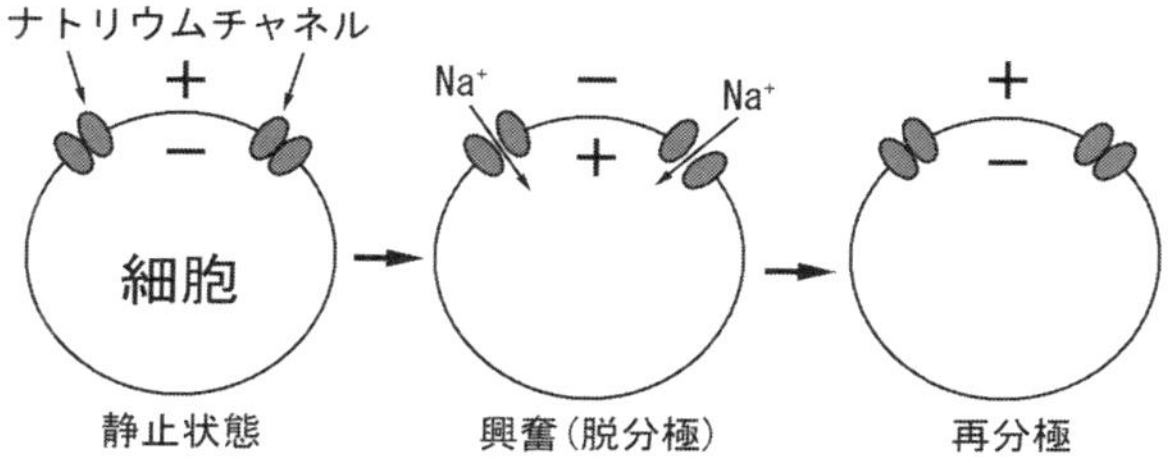

図4·1　細胞の興奮

細胞の内側と外側を仕切っているのは細胞膜という薄い膜で、これは脂質でできているため、水溶性のイオンは通ることができない。しかし、細胞膜には「チャネル」というタンパク質がたくさん存在していて、これが細胞の外から中へ、または中から外へイオンが流れるときの通り道になる。チャネルは、その種類によって通すイオンの種類が決まっていて、ナトリウムチャネル、カルシウムチャネルなどとよぶ。

また、いつでも開いているわけではなく、刺激があったときに一時的に開くことが多い。ナトリウムイオンやカルシウムイオンは、細胞の外側の方がずっと濃度が高いから、チャネルが開けば細胞内にどっと流れ込んで電流が発生する。神経細胞でも筋細胞でも、ナトリウムチャネルが開いているのは数ミリ秒と、ごくわずかな時間で、その間だけ細胞内の電位が上がった状態になり、その後はまたマイナス80ミリボルトの電位に戻る。これを「活動電位」という。

神経細胞のような細長い興奮性細胞では、一か所に活動電位が生じて電流が流れると、それが刺激になって隣の部分も興奮する。こうして興奮が神経に沿って、ずっと伝わっていくことになる。このように神経を伝わっていく興奮のことを「インパルス」という。

神経インパルスが筋細胞に届くと、その興奮が筋細胞に伝わることになる。神経細胞と筋細胞は、細胞としてはつながっていない。しかし神経の末端が筋細胞に触れている部分は「神経筋接合部」という特殊な構造になっていて、神経末端にはアセチルコリンという神経伝達物質を含んだ小さな袋（小胞）がたくさんある（図4・2）。神経インパルスが神経末端に到達すると、ここから神経末端と筋細胞の隙間にアセチルコリンが放出される。すると筋細胞側にはアセチルコリンの受容体（これもタンパク質）があり、ここにアセチルコリンが結合すると、筋細胞側のナトリウムチャネルが開いて、筋細胞に活動電位が発生するのである。

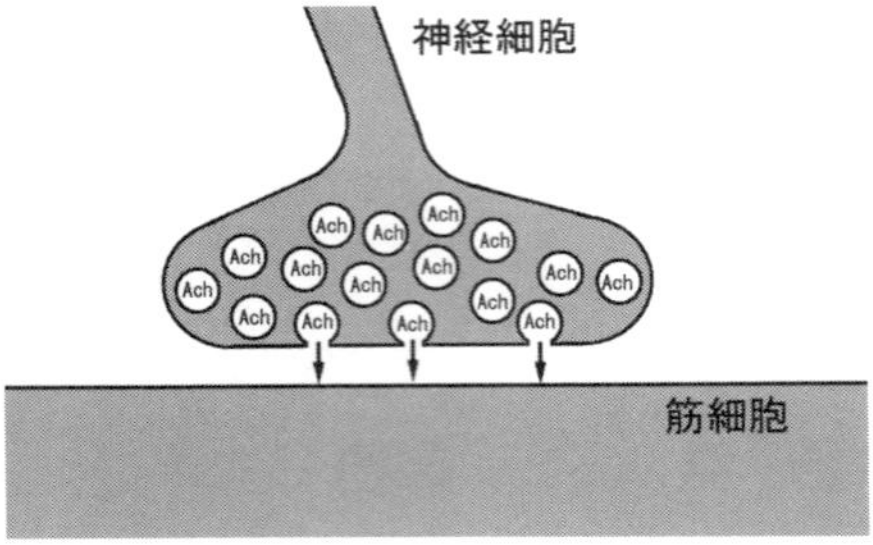

図4·2　神経筋接合部
Ach はアセチルコリン。

筋細胞の、神経筋接合部の場所で発生した活動電位は、速やかに筋細胞全体に伝播しないといけない。もし伝播に遅れがあ

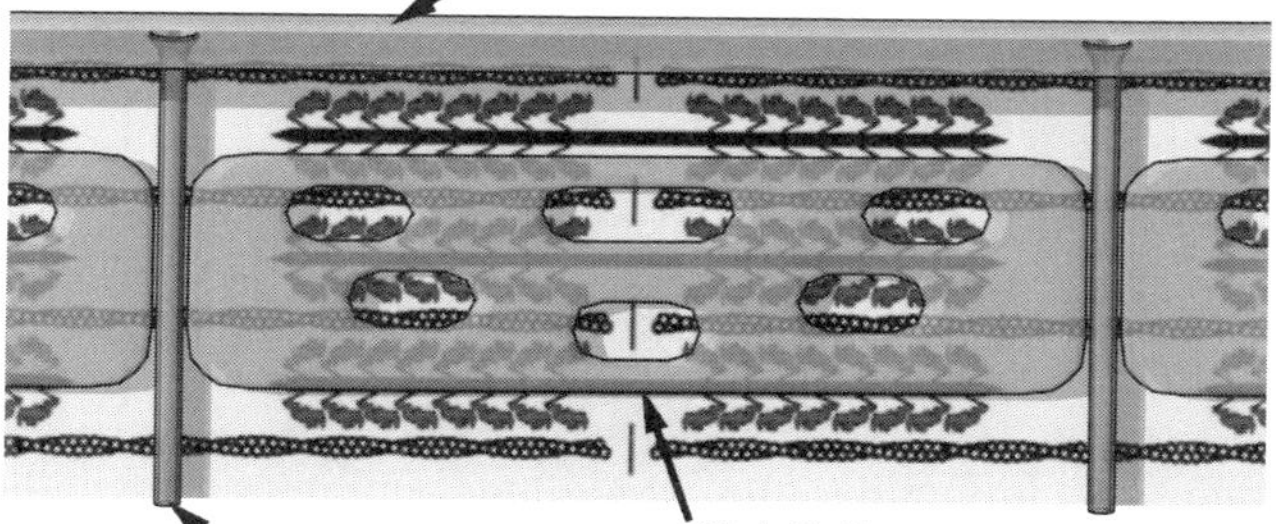

図 4·3　T 小管と筋小胞体
細胞膜の興奮が T 小管を伝わって筋小胞体に伝えられると、そこからカルシウムの放出が起こる。

ると、先に収縮を始めた部分がまだ緩んでいる部分を引っ張ってしまうからである。筋細胞には、興奮が細胞表面だけでなく内部まで伝わるような構造になっている。つまり、細胞の表面から、多数の細い管が細胞の中まで伸びている。この管のことを「T小管」という（図4・3）。T小管の両側には、「筋小胞体」とよばれる袋が接している。これがカルシウムイオンを貯めている袋である。この筋小胞体の、T小管に接する部分にはカルシウムチャネルがある。T小管が興奮すると、それがカルシウムチャネルに伝わってカルシウムチャネルが開く。そうすると、筋小胞体からカルシウムがどっと出て行って、筋原繊維中のトロポニンに結合すると収縮が開始されるのは前に説明したとおりである。

一度収縮した筋肉が再び弛緩するためには、筋小胞体から放出されたカルシウムをまた筋小胞体内に戻さないといけない。この役割を担うのが、「カルシウムポンプ」

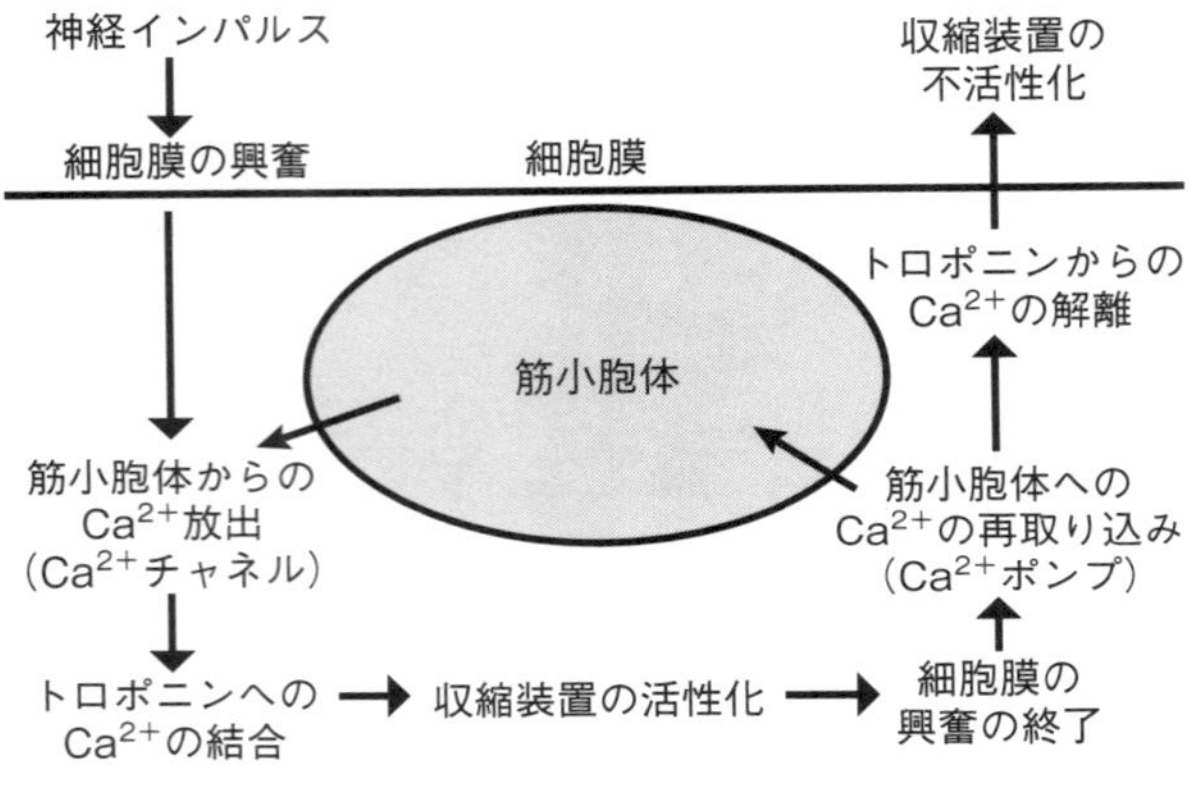

図4·4　筋肉の収縮―弛緩サイクル

というタンパク質である。筋原繊維のある細胞質中に比べると、筋小胞体の中のカルシウムのほうが濃度が高いので、カルシウムを筋小胞体の中に戻すにはエネルギーが必要である。これを「濃度勾配に逆らった輸送」といい、ちょうど、坂の下から上へと物を押し上げるには力が要るのと同じである。そこで、カルシウムポンプはエネルギー源であるATPを消費してカルシウムを筋小胞体内に汲《く》み戻す。

カルシウムポンプはいつも作動しているから、筋細胞の興奮が終わってカルシウムチャネルが閉じれば、細胞質のカルシウム濃度は下がって筋肉は弛緩する。こうして1回の筋収縮が終わるのだが、これを「収縮―弛緩サイクル」とよぶ（図4・4）。

1回の活動電位だけで起こる収縮は「単収縮」といって、比較的短時間で終わってしまう。このときに発生する力は、腱のように筋肉と直列につながっているバネのような成分を引き伸ばすのに費やされてしまい、外に出てくる力は大きくな

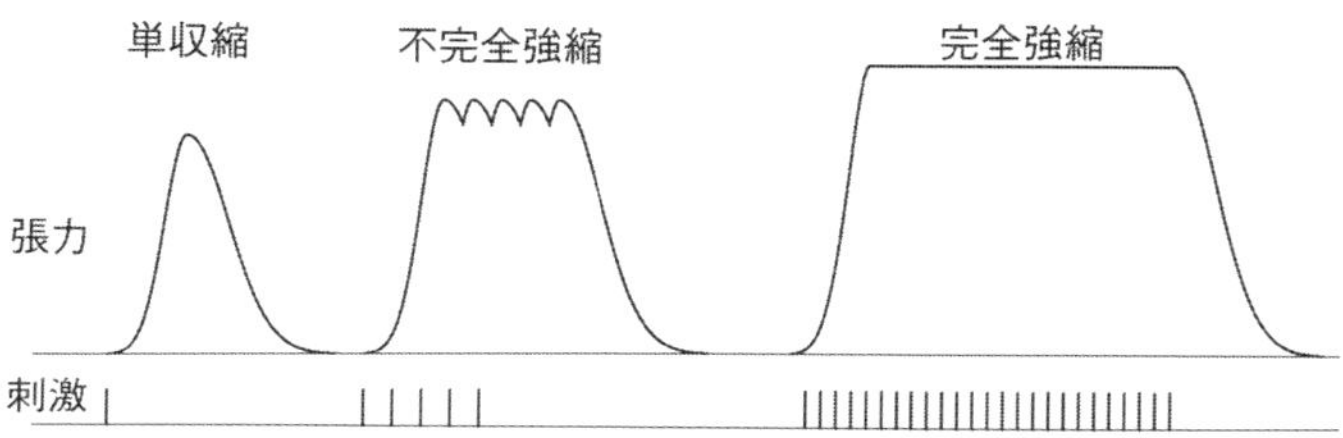

図4·5　単収縮と強縮
刺激の頻度が低く、張力のピークが完全に融合していないものを不完全強縮、完全に融合したものを完全強縮という。

い。一方、活動電位が繰り返して起こると、それぞれの単収縮が融合して大きな力が持続して発生するようになる。これを「強縮」という（図4・5）。

まとめ：収縮―弛緩サイクル

（1）運動神経のインパルスを受けて、筋細胞の細胞膜が興奮する。
（2）筋細胞膜の興奮は、T小管によって筋細胞内部に伝えられる。
（3）T小管に接する筋小胞体表面のカルシウムチャネルが開き、中のカルシウムが流出する。
（4）流出したカルシウムがトロポニンに結合すると、ミオシンのアクチンへの結合が可能になり、筋収縮が開始する。
（5）興奮が終わると、流出したカルシウムは筋小胞体表面にあるカルシウムポンプによって再び筋小胞体内に汲み戻され、筋収縮が終了する。

2 速い筋肉、力強い筋肉

以上で骨格筋の構造と働きについての基本的なことを説明したが、もう一つ筋肉全般についての基本的なことを説明しておく。それは、大きく分けて、筋肉には「速い筋肉」と「力強い筋肉」があるということである。動物は、ある程度の大きさがあれば、体の動きのほとんどすべてを筋肉に頼っているといってよい。そのときに、力はそれほどいらないけれど、速く縮む必要がある場合と、縮むのはゆっくりでも、大きな力を出す必要がある場合があるだろう。例えば獲物を捕まえる場合、あるいは外敵から逃げる場合などは、すばやく体を動かす必要があるだろう。逆に、長時間姿勢を保つのに使われる筋肉などでは、速く縮むよりも力を出すほうが重要である。極端な例では、ホタテガイ以外の二枚貝の貝柱（閉殻筋）は、長時間殻を閉じておくのに使われる筋肉である。この閉殻筋の短縮は非常にゆっくりだが、ご承知のように、一度殻を閉じると人間の力でこじ開けるのが難しいくらい大きな力を出す。このように、動物はその目的に合った性質の筋肉を用意する必要がある。

それでは、筋肉の短縮する速さや力は、何が決めているのだろうか。一つはミオシンの性質で、もう一つはサルコメアの構造（2章2節参照）である。

筋肉の二つの最も重要なタンパク質であるアクチンとミオシンのうち、アクチンは非常に保守的なタンパク質といわれ、動物の種類や筋肉の種類が違っても、ほとんど同じである。一方、ミオシンは動物や筋肉の種類によって、非常に変化が大きいタンパク質である。骨格筋と平滑筋ではミオシンの種類が違うけれど、同じ骨格筋でも速筋と遅筋というものがあり、収縮の速さも違うが、ミオシンの種類も違っている。それぞれ速筋型ミオシン、遅筋型ミオシンとよばれている。心筋のミオシンは、遅筋型ミオシンと同じである（図4・6）。

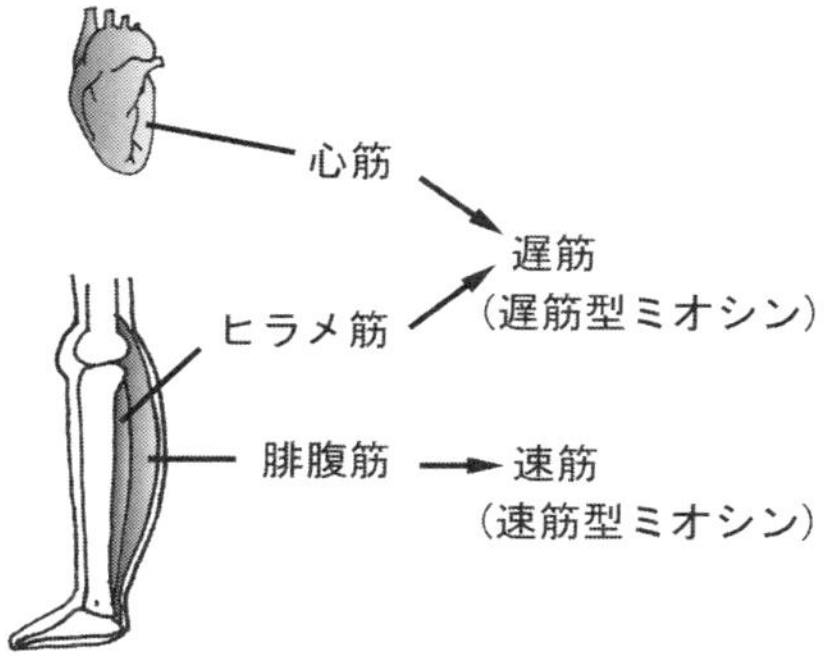

図4·6　速筋と遅筋

前に、ミオシンはＡＴＰ分解酵素の性質をもつという説明をしたが、速筋型ミオシンはＡＴＰ分解の速度も速い。短い時間にたくさんのＡＴＰを分解して、筋肉を速く縮ませることができる。速く縮む筋肉のミオシンは、アクチンに結合している時間が短いので、次から次へと相手のアクチンを変えてミオシン繊維を速く滑らせることができる。しかし結合している時間が短い分、力を出すことには向いていない。

一方、遅筋型ミオシンはＡＴＰ分解の速度も遅い。これは通常、アクチンから離れる速度が遅いためで、このためアクチンに結合している時間が長い。すると、筋肉の構造は同じでも、同時に結合しているミオシンの分子の数が増えるため、力も増えることになる。遅い筋肉は姿勢の維持などを担っているので、このためにエネルギー源のATPをどんどん消費してしまうのは不経済である。この点からも遅筋型ミオシンのATP分解速度が低いのは理にかなっていると言える。

もう一つ、筋肉の力と縮む速さを決めているのが、サルコメアの構造である。筋肉が縮むというのは、言ってみれば、アクチン繊維という綱を多数のミオシンが引っ張る綱引きのようなものである。先に書いた話は、綱の引き手の数が同じでも、一人一人が力強ければ綱が引かれる力は強くなる、という話である。しかし、一人一人の力は変わらなくても、引き手の人数が多ければ、やはり綱が引かれる力は強くなる（図4・7a）。ミオシン分子の長さ方向の間隔は決まっているので（約14ナノメートル）（1ナノメートルは1ミリメートルの百万分の1）、引き手（ミオシン分子）の数を増やすにはミオシン繊維を長くする必要がある（または、ミオシン繊維を太くすれば、より多くのミオシン分子を長さ方向の同じ場所に配置できるので、力が強くなる。通常、長いミオシン繊維は直径も太い）。もちろんミオシン繊維が長くなるのと同時に、アクチン繊維も長くないと意味がない。要するに、長いサルコメアは、強い力を出すということである。

それでは、サルコメアが長くなると、縮む速さ（短縮速度）はどうなるだろうか。筋肉は、力がまったくかかっていない状態で縮むときが一番速い。このときの速さを無荷重短縮速度といって、筋肉の短縮がどのくらい速いかを表す指標になる。これを、また綱引きの例で考えてみよう。

綱にまったく荷重がかかっていないとき（相手のチームが引っ張っていないとき）、こちらの引き手がまっすぐに伸ばした腕を折り曲げて綱をたぐり寄せたとき（この動作をストロークとよぶことにする）、綱を50センチたぐり寄せることができるとしよう。これを一人の引き手がやっても、同時に多数の引き手がやっても、１回のストロークで引き寄せることができる綱の長さは50センチである。つまり、荷重がゼロならば、綱を引く速さと引き手の数は関係ないのである（図４・７b）。

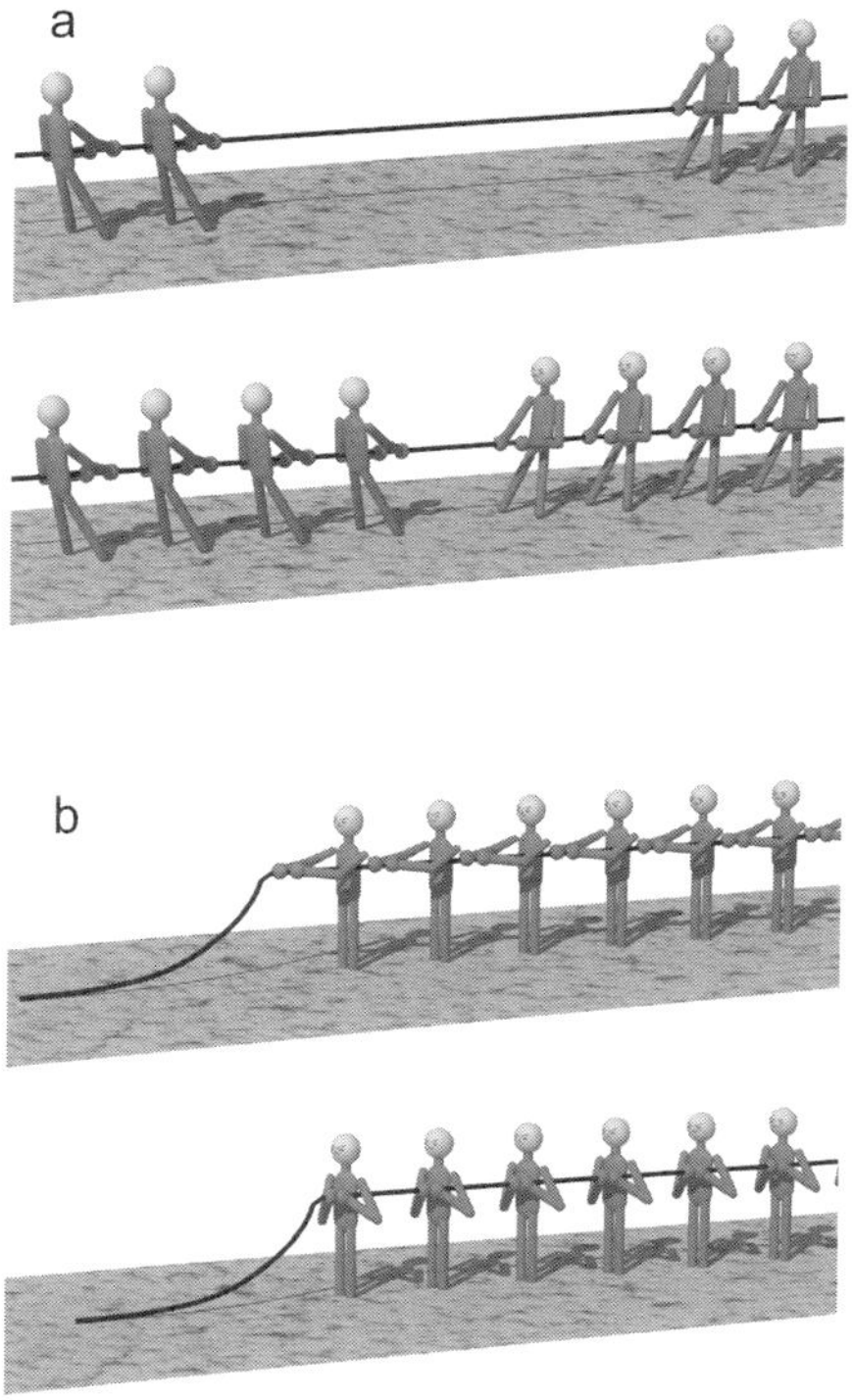

図４·７　綱引きの引き手の数と、力・速度との関係
(a) 引き手の数が多いほど、綱を引く力は大きくなる。(b) 綱に力がかからない状態で、綱をたぐり寄せる速度は引き手の数とは関係がない。

筋肉のサルコメアも同じで、同時に働くミオシン分子の数が多くても（サルコメアが長くても）、少なくても（サルコメアが短くても）、1個のサルコメアの無荷重短縮速度は変わらない。ミオシン分子が一度にアクチン繊維をたぐり寄せられるストロークの長さを一応アクチン分子の間隔と同じとすると、約5ナノメートルである。一つのサルコメアの中央で、ミオシンは向きが逆向きになり、反対側のアクチン繊維を引き寄せるので、一つのサルコメアのストローク1回あたりの短縮量は5ナノメートルの2倍で10ナノメートルになる。もしサルコメアが隣り合って（直列に）2個並んでいたら、ストローク1回あたりの全体の短縮量は加算されて20ナノメートルになる。10個なら100ナノメートル。このように、筋肉全体としては、直列に並んだサルコメアの数が多いほど速く短縮することになる。

もし筋肉の長さが同じなら、1個1個のサルコメアが短いほど直列に並んだサルコメアの数は多くなるので、短縮速度は大きくなる。ただし負荷がかかったとき、出せる力は小さくなる。

また、後で説明するけれども、昆虫が羽ばたくのに使う飛翔筋《ひしょうきん》はサルコメアの長さが3マイクロメートル程度と比較的短く、速く縮むのに適した構造の筋肉である。しかしそれ以外の体壁筋（胴体、足やあごなどにある筋肉）はサルコメアの長さが5マイクロメートル以上で、速く縮むよりは力を出すのに適した構造である。

ロブスターのハサミ

ロブスター（オマールえび）というのは海に住むザリガニの仲間で、西洋料理では高級食材とされている。これのハサミが、左右で形が違うのをご存知だろうか（図4・8）。片方は分厚くていかにも力強そうで、内側には大きなイボがある。もう片方は肉薄で、あたかも物を切る鋏《はさみ》のようである。分厚いほうを英語ではクラッシャー（砕くもの）といい、薄いほうをカッター（切るもの）という。そのとおりで、クラッシャーのほうは貝やカニなど、殻の硬い獲物を砕くのに使い、カッターのほうは柔らかい獲物を切断するのに使うのだという。大変面白いのは、左右のハサミでサルコメアの長さが違い、クラッシャーのほうはサルコメアが長く、力を出すのに適した形なのに対し、カッターのほうはサルコメアが短くて速く縮むのに適した形であるという[4-1]。

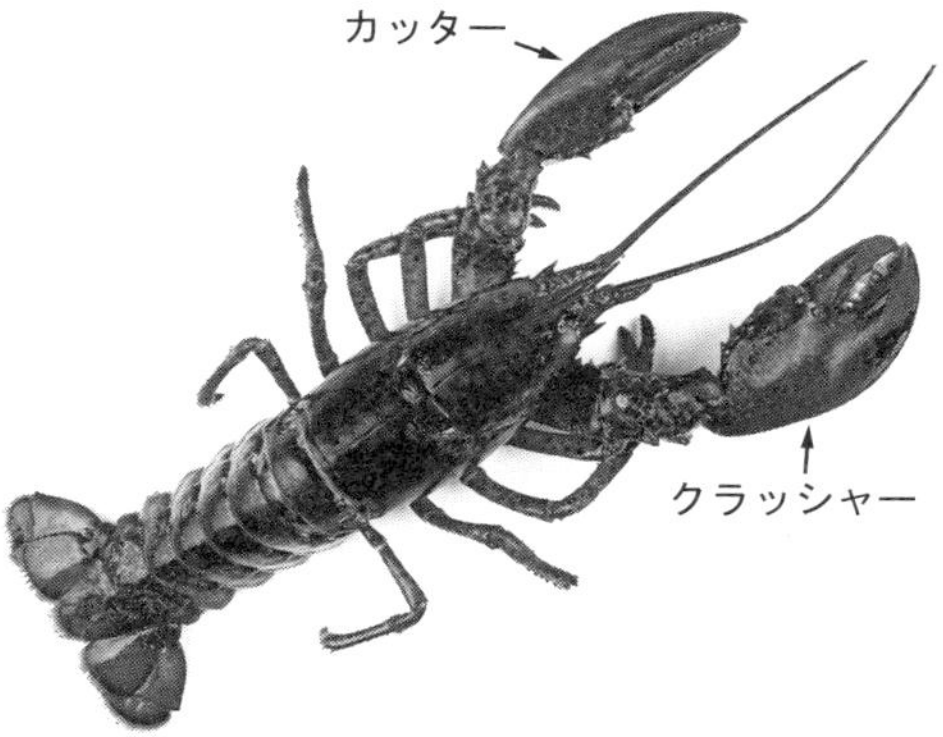

図4·8　左右で違うロブスターのハサミ

まとめ：

（1）力の大きい筋肉は短縮が遅く、短縮の速い筋肉は力が小さい。

（2）ミオシンの酵素学的性質も、筋肉の特性（速いか、力強いか）に合わせて最適化されている。

（3）力の大きい筋肉はサルコメアが長く、ミオシン繊維も太い。

（4）短縮の速い筋肉はサルコメアが短い。

5章　昆虫の筋肉は全部横紋筋だ

1 筋肉をもつ動物の進化

何十億年も前、地球上に生命が誕生した頃は、生き物はすべて単細胞だっただろう。その中には、現在の動物の祖先もいたはずである。現在でも、以前には原生動物とよばれていた一群の単細胞生物がいる（図5・1）。これはアメーバとかゾウリムシとかであるが、現在では多細胞の動物とはだいぶ異なっていることがわかり、動物とは別の「原生生物」と称されている。これらの運動する原生生物には筋肉は存在しない。

アメーバは文字通り「アメーバ運動」といって、細胞全体の形を変えながら流れるように移動する。ゾウリムシは「繊毛虫《せんもうちゅう》」とよばれる一群の生物の一つで、細胞の表面に多数の「繊毛」とよばれる毛が生えていて、これを打って水流をつくって泳ぎ回る。この繊毛は、人間の気管の内側などに生えていて、気管に入り込んだ異物の粒子を外に送り出している繊毛と基本的に同じものである。また、単細胞の緑藻の中にはミドリムシのように盛んに泳

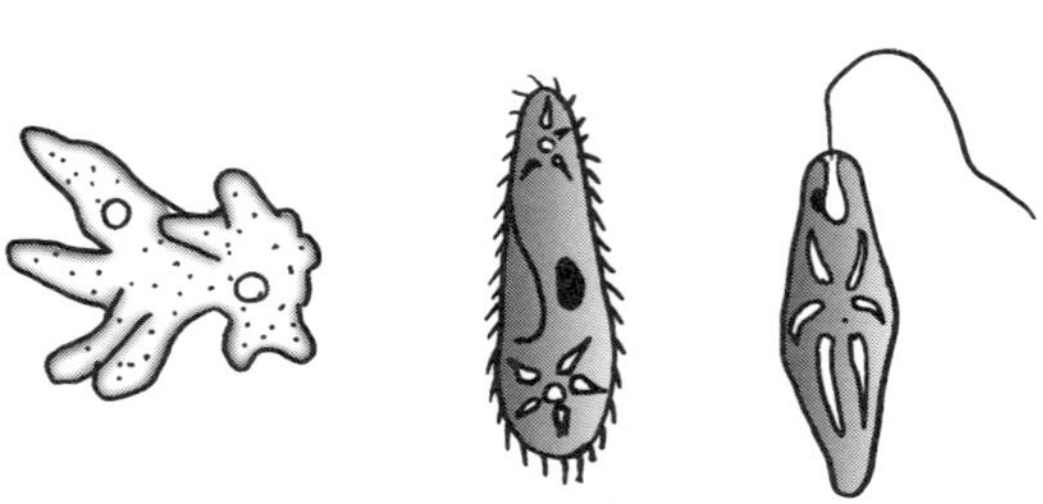

図5·1　運動する単細胞生物
左からアメーバ、ゾウリムシ、ミドリムシ。

ぎ回るものがいる。ミドリムシには、細胞の一端に「鞭毛《べんもう》」という比較的長い運動性の毛が1本生えており、これをくねらせながら水流をつくって泳ぐ。これも、人間の精子が泳ぐのに使う鞭毛と基本的に同じものである。

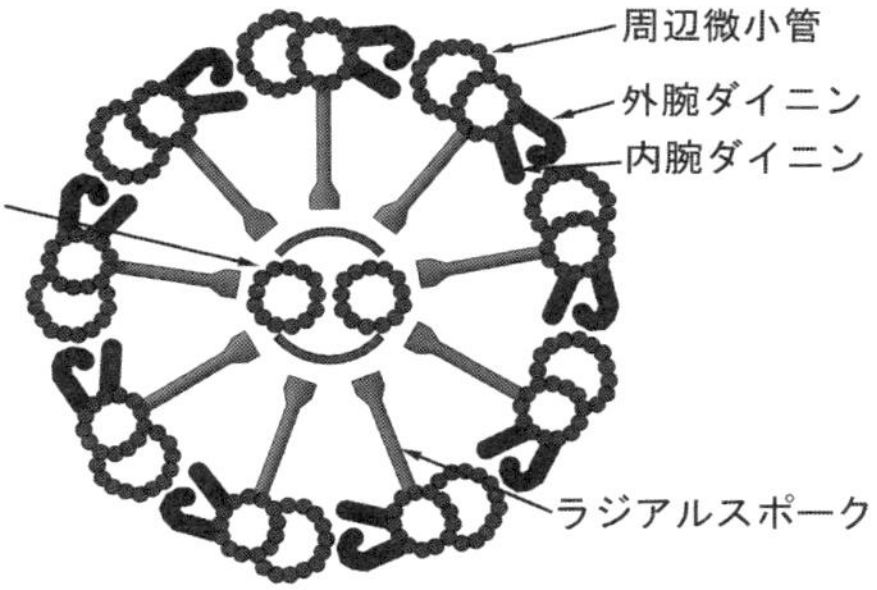

図5·2　鞭毛や繊毛の軸糸の断面の模式図
9本の周辺微小管と、2本の中心微小管を基本骨格とするため、9＋2構造とよばれる。

繊毛も鞭毛も、構造的には同じであり、運動を起こしているのは中にある「軸糸《じくし》」という構造である。軸糸は直径が200ナノメートル（1ミリメートルの5千分の1）という非常に細いものであるが、非常に複雑な構造をしており、ダイニンというモータータンパク質が波打ち運動を起こす（図5・2）。

単細胞生物であれば、移動するのにアメーバ運動や繊毛・鞭毛運動で十分である。しかし動物が多細胞になれば、これらの運動では不十分であり、筋肉の出番となる。

現在地球上に生息している多細胞動物で、一番原始的と考えられているのが海綿（海綿動物）である。海綿は、磯の潮溜まりの岩に付着している、たくさん穴のあいた不定形の生き物であるが、見た目にまったく動かないので動物に見えない。穴の中は水路になっており、その中には鞭毛の生えた細胞がたくさんある。これが水流を起こして、流れてくる微粒子をとらえて食べているのである。筋肉はまったくないので、海綿全体が形を変えることはない。

現存する動物で、筋肉をもつ最も原始的なものは、恐らく刺胞動物（クラゲ、ヒドラ、サンゴ、イソギンチャクなど）である。イソギンチャクなら、指でさわるときゅっと縮むし、クラゲは傘を開閉させて泳ぐので、筋肉があることはわかるだろう。しかし大抵の場合、これらの動物では他のもっと高等な動物と違い、筋肉は筋組織として分化していなくて、筋上皮細胞といって、組織の表面を覆う上皮細胞の中にアクチン、ミオシンなどを含む収縮装置が存在する形である。

構造の規則的なサルコメアをもつ横紋筋と違い、平滑筋には規則的な構造が見当たらないので、平滑筋のほうがより原始的な筋肉の形態だと思うであろう。したがって原始的な刺胞動物の筋肉は平滑筋だろうと想像されると思う。この想像は大体正しく、緩慢な運動をつかさどるのは平滑筋である。しかし、クラゲの傘を動かす筋肉は、実は横紋筋である[5-1]。これほど原始的な動物の中に、すでに横紋筋が存在しているというのは驚きである。われわれが海でよく目にする大型のクラゲは傘の開閉もゆっくりで、ゆったり泳いでいるように見える。しかしエフィラとよばれるこれらのクラゲの幼生、または小型のクラゲの種類（ヒドロクラゲ）。通常気がつかないが、海の中にはたくさんの種類の小型のクラゲが泳いでいる）は結構活発に傘を開閉させながら、しゃきしゃきと泳いでいる。動物界全般でみると、速い運動には横紋筋が関わっていることが多い。

その他、ゆっくりした運動を行う動物は、平滑筋をもっていることが多い。ヒラムシのような扁形動物から、軟体動物（貝類）、比較的高等な棘皮動物（ウニ、ヒトデなど）、尾索動物（ホヤなど）までそうである。ただし、線形動物（線虫類。回虫とかアニサキス）と環形動物（ゴカイ、ミミズ）は「斜紋筋」といって、極端に斜めになったサルコメアをもつ構造の筋肉をもっている（図5・3）。軟体動物でも、イカやタコの筋肉は斜紋筋なので、われわれがイカやタコを食べるときには斜紋筋を食べているわけである。

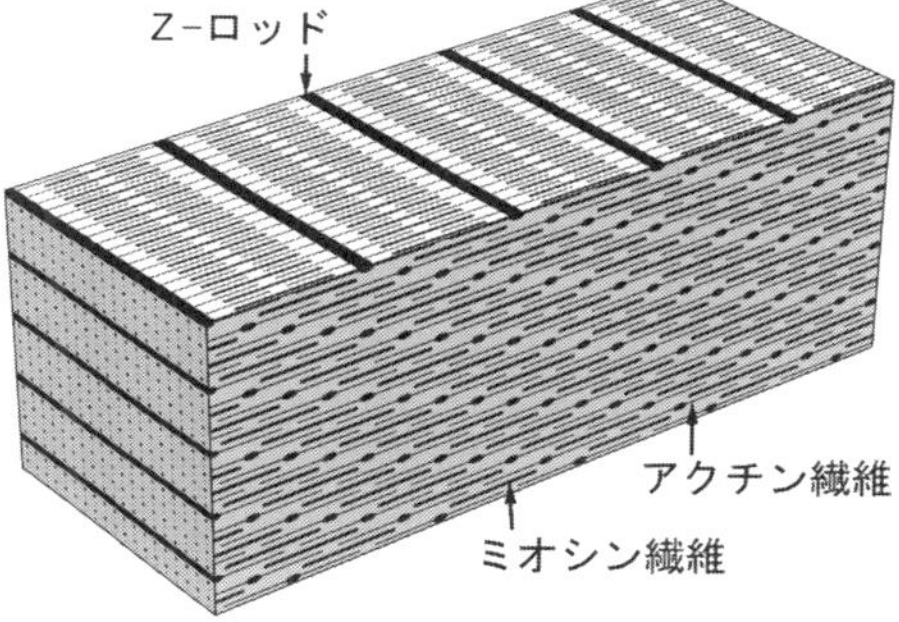

図5·3　斜紋筋の構造
横紋筋のサルコメアが斜めになったような構造をしており、手前の面では斜めのサルコメアが見えるが、それと直角の面（上面）ではまったく横紋筋と同じ構造に見える。

ところで余談であるが、扁形動物のヒラムシやプラナリアなどは非常に平べったい動物で、一部の種類は体をひらひらさせながら泳ぐこともあるが、通常は岩や石の表面を這《は》い回っていることが多い。このときの運動の仕方は繊毛滑走といって、体と岩や石のあいだに粘液を分泌して、体の下部全体に生えた繊毛を動かしながら滑るように移動する。通常の移動は筋肉運動よりも繊毛運動のほうがメインである。このような比較的大型の動物が主に繊毛運動で移動するのは珍しい。

また、クシクラゲの仲間(有櫛《ゆうしつ》動物。刺胞動物のクラゲとはまったく違う動物群)も、筋肉はもっているけれど、その遊泳は専ら繊毛運動によっている。1メートルくらいに成長するオビクラゲでもそうである。クシクラゲの繊毛は、多数が融合して櫛《くし》のようにみえるのがその名前の由来である。このくし板をぱたぱたさせながら泳ぐのだが、魚のように活発に泳ぐわけではなく、波の間にただよっているというのが正しい。

まとめ：

（1） 単細胞の生物は、アメーバ運動や繊毛・鞭毛運動などで運動し、筋肉はもっていない。
（2） 筋肉は、これらの運動方法では対応できない大型で多細胞の動物にみられる。
（3） 筋肉をもつ最も原始的な動物は刺胞動物（クラゲ、サンゴ）であるが、平滑筋の他にすでに横紋筋が存在する。
（4） ゆっくり運動する動物には、平滑筋をもつものが多い。

2　横紋筋がメインの動物は限られている

そのような中で、運動の主要な手段として横紋筋を使っているのは、われわれヒトを含む脊椎動物と、節足動物、それに海のマイナーなプランクトンである毛顎《もうがく》動物（ヤムシ）など、比較的限られている。軟体動物で例外的に横紋筋なのは、前に説明したホタテガイの貝柱（閉殻筋）で、ホタテガイはこれを使って泳ぐ。その泳ぎは結構速く、見ていて面白いくらいである。二枚貝は、ヒトデやツメタガイのような捕食性の動物に狙われているのであるが、ホタテガイはこれらの動物の移動速度よりずっと速く逃げることができる。

いちばん徹底して横紋筋を使っているのが、節足動物である。節足動物は、昆虫と、エビやカニを含む甲殻類、クモ類などを含む非常に大きな動物群で、陸上でも海水中でも最も主要な動物群の位置を占めている。この節足動物の大きな特徴は、体の筋肉は心筋や内臓筋も含めて、すべてが横紋筋ということである。

横紋筋といっても、クラゲやホタテガイの横紋筋ではトロポニンがなかったり、ミオシンの軽鎖が直接カルシウムを結合して活性化したりするなど、脊椎動物のものとは大分異なっている。しかし、甲殻類と昆虫の横紋筋にはトロポニンがあり[5-2][5-3]、収縮弛緩の制御の仕方が脊椎動物の骨格筋や心筋と同じである。サルコメアの構造も非常によく似ていて、Z膜ではα-アクチニンがアクチン繊維を固定していること、コネクチンに類似した弾性タンパク質がミオシン繊維をサルコメアの中央に保っていること[5-4]なども一緒である。節足動物と脊椎動物は系統学的には非常にかけ離れているのに、どうしてここまで筋肉の構造が類似しているのかと不思議に思うくらいである。一方で、同じ節足動物でも広い意味のクモの仲間（クモ、ダニ、サソリなど）の筋肉の場合は、真正クモ類のタランチュラと、海産の原始的なカブトガニで調べられているが、収縮弛緩の制御はトロポニンではなく、脊椎動物の内臓筋（平滑筋）と同様にカルシウムに依存したミオシン軽鎖のリン酸化によっている[5-5][5-6]。

以上のようなわけで、これから重点的に説明する昆虫の飛翔筋も横紋筋で、しかもカルシウムによる収縮弛緩の制御もわれわれヒトと同じく、トロポニンを介して行われるのである。

まとめ：

（1）横紋筋を主にもつものは脊椎動物と節足動物（昆虫を含む）で、特に節足動物の筋肉はすべて横紋筋である。

（2）節足動物の横紋筋の構造は、サルコメアの構造がよく似ている点と、トロポニンにより収縮弛緩の制御を行う点で、脊椎動物のものと類似している。

6章　高機能の羽ばたきの秘密

1 昆虫が羽ばたくしくみ

それでは、いよいよ昆虫の羽ばたきを担う筋肉（飛翔筋《ひしょうきん》）の話に入っていきたいと思う。昆虫の体は、頭部・胸部・腹部の三つの部分に分かれているのはご存じだろう。そのうち、羽も足も、胸部から生えている（図6・1）。昆虫を含む節足動物は、体節構造をもつ典型的な動物群である。体節というのは、同じような構造をもった体の部分が前後の軸に沿って繰り返し並んでいるときに、その一つ一つの繰り返し単位のことをいう。ムカデでは、頭を除くすべての体節に、1対の脚が生えている。ヤスデでは一つの体節に2対の脚が生えている（したがって、ヤスデは倍脚類とよばれる）。この体節構造は昆虫でも同じで、それは腹部を見るといちばんわかりやすい。

しかし、胸部も体節構造をもつことに変わりはなく、どの昆虫でも三つの体節からできている（融合して体節構造がわかりにくくなっている昆虫が多いが）。それらを前胸、中胸、後胸とよび、その三つの体節のすべてに1対ずつ脚が生えている。羽は前胸にはなくて、中胸と後胸に1対ずつ生えている（ただしハエ目の昆虫では後翅が平均棍《へいきんこん》という構造に変化していて、羽は2枚である）。こうして「6本の脚に4枚の羽」という昆虫の特徴ができあがる。昆虫の移動にとって重要なこれらの構造は、すべて胸部に集中している。つまり、これらを駆動する筋肉も、胸部に集

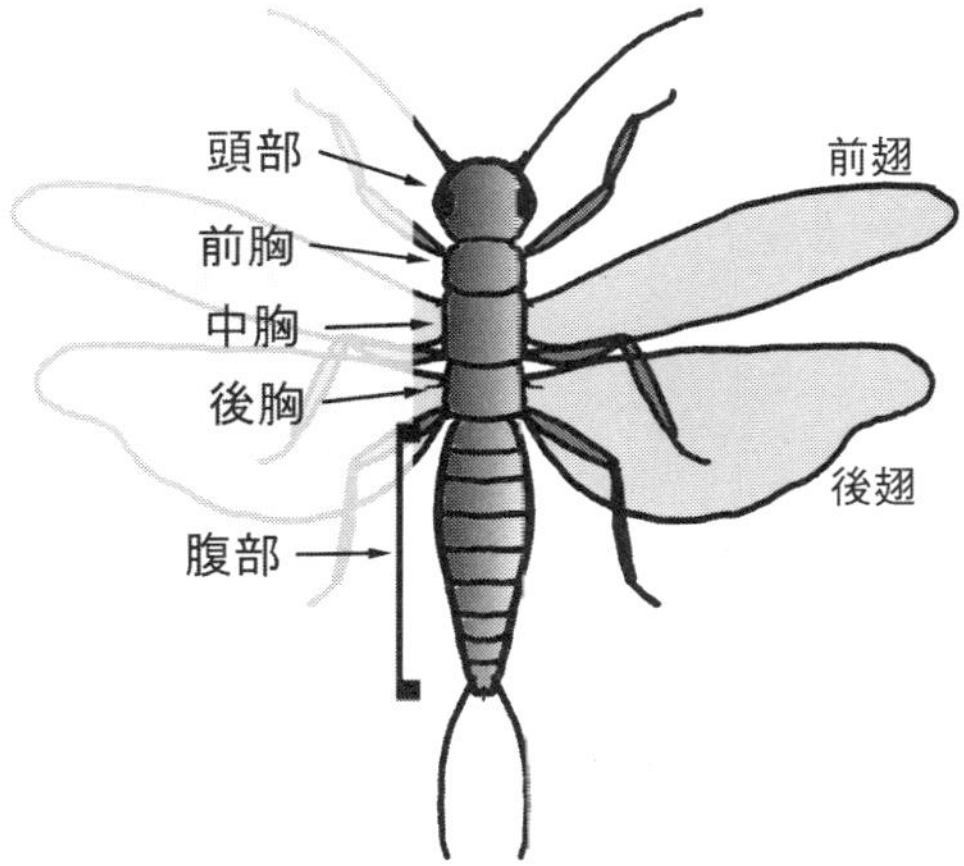

図6·1　羽のある昆虫の基本的な構造（カワゲラ）

中しているのである。その結果、昆虫の胸部は、筋肉を収容する箱のようになっている。

それともう一つ、昆虫を含む節足動物の体の外側は硬いクチクラでできた外骨格で、骨の役割を果たすとともに内部の柔らかい器官を保護している。体節と体節の間、または脚などの関節の部分はクチクラが薄くなり、変形できるようになっている。

羽を動かす筋肉は飛翔筋という。その構造は、羽のある昆虫で最も原始的なトンボ類と、他の大部分の昆虫では異なっている。トンボの飛翔筋は「直接飛翔筋」といって、羽を直接駆動して羽ばたきを起こす。この直接飛翔筋は多数あって、構造は非常に複雑である（図6・2）。

他の大部分の昆虫では、羽を動かすのは「間接飛翔筋」である。間接飛翔筋は、羽を直接動かすのではなく、胸部の外骨格を変形させることで間接的に羽を動かす。この間接飛翔筋は2対あり、1対は胸部の背中側を前後に走る「背縦走筋」で、もう1対は背中と腹を結ぶ「背腹

図6·2　トンボの飛翔筋（直接飛翔筋）
胸部を正中線（体の左右の境になる直線）に沿って縦に切ったところ。多数の直接飛翔筋が前後の羽を独立に動かすようになっている。筆者撮影。

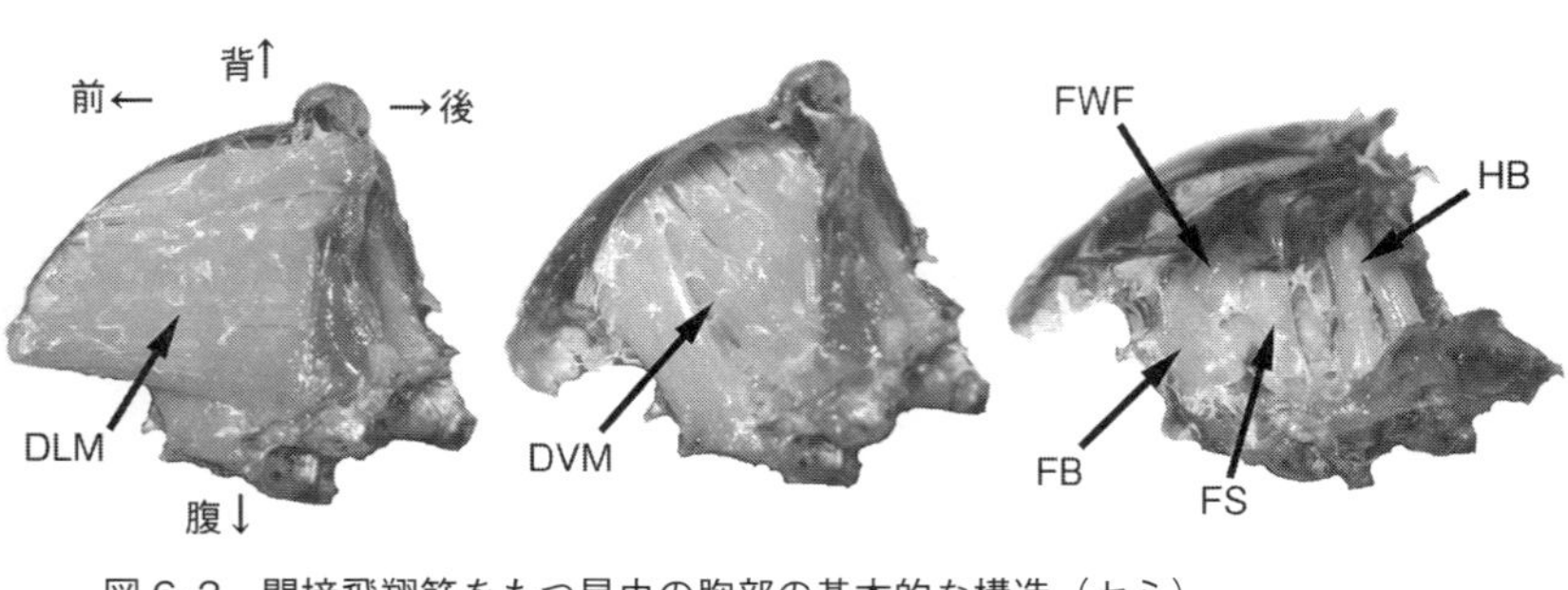

図6·3　間接飛翔筋をもつ昆虫の胸部の基本的な構造（セミ）
左、胸部を正中線に沿って縦に切ったところ。間接飛翔筋の一つ、DLM（背縦走筋）が見える。中、DLMを取り除くと、もう一つの間接飛翔筋、DVM（背腹筋）が見える。右、さらにDVMも取り除くと、多数の直接飛翔筋が見える。これらは羽の向きを変えたりする役割をもつ。FB：前翅のバサラー（basalar）、FS：前翅のスバラー（subalar）、FWF：前翅のwing-folding muscle（羽をたたむ筋肉）、HB：後翅のバサラー。後翅のスバラーはこの影に隠れている。筆者撮影。

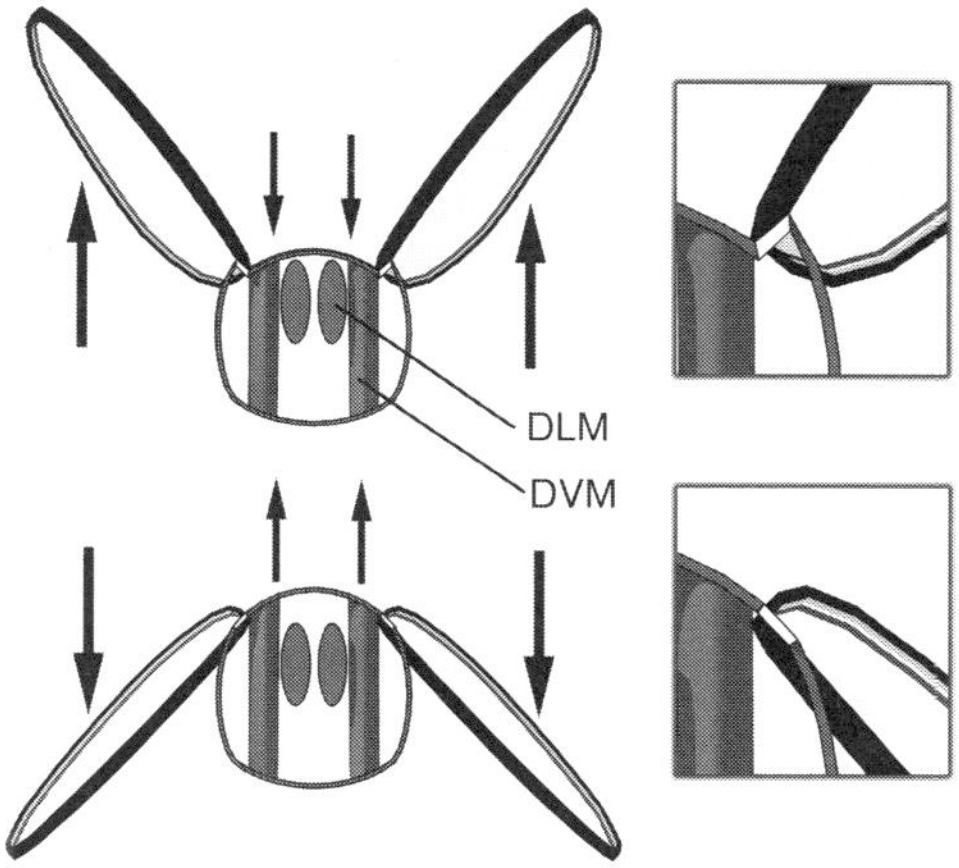

図6·4　間接飛翔筋の動作
2種の拮抗する飛翔筋のうち、DVMが収縮すると胸部外骨格の上部が引き下げられ、羽が打ち上がる（上）。DLMが収縮すると、胸部外骨格の上部が押し上げられて羽が打ち下がる（下）。

筋」である（図6・3）（研究者の間ではこのように日本語の名称でよぶことは少なく、それぞれ英語のdorsal longitudinal muscle、dorsoventral muscle、またはその略語のDLM、DVMを使うことが多い）。いずれにしても、羽を駆動する筋肉はこれしかないので、トンボに比べると非常にシンプルで、すっきりしている。

胸部の外骨格は弁当箱のように、上側の蓋《ふた》の部分と、下側の身の部分からなっており、その境目はちょうつがいのように折れ曲がる構造で、そこに羽が生えている（図6・4）。蓋と羽をつなぐちょうつがいと、身と羽をつなぐちょうつがいは少し場所がずれているため、蓋を押し下げると羽が上に打ちあがる。この蓋を押し下げる（というか内側から引っ張る）のが背腹筋である。また蓋を押し下げると、胸の外骨格は前後に伸びるように変形する。一方、背縦走筋は胸の外骨格を前後方向に縮める。そうすると蓋の部分は押し上げられるため、羽は打ち下ろされる。

このように、背縦走筋と背腹筋は、片方が縮むともう片方は引き伸ばされる関係にあり、このような筋肉のことを「拮抗筋」とよぶ。人間の腕や足を伸ばす筋肉と曲げる筋肉も、互いに拮抗筋の関係にある（図6・5）。昆虫は、背縦走筋と背腹筋を交互に収縮させることによって羽ばたくわけである。

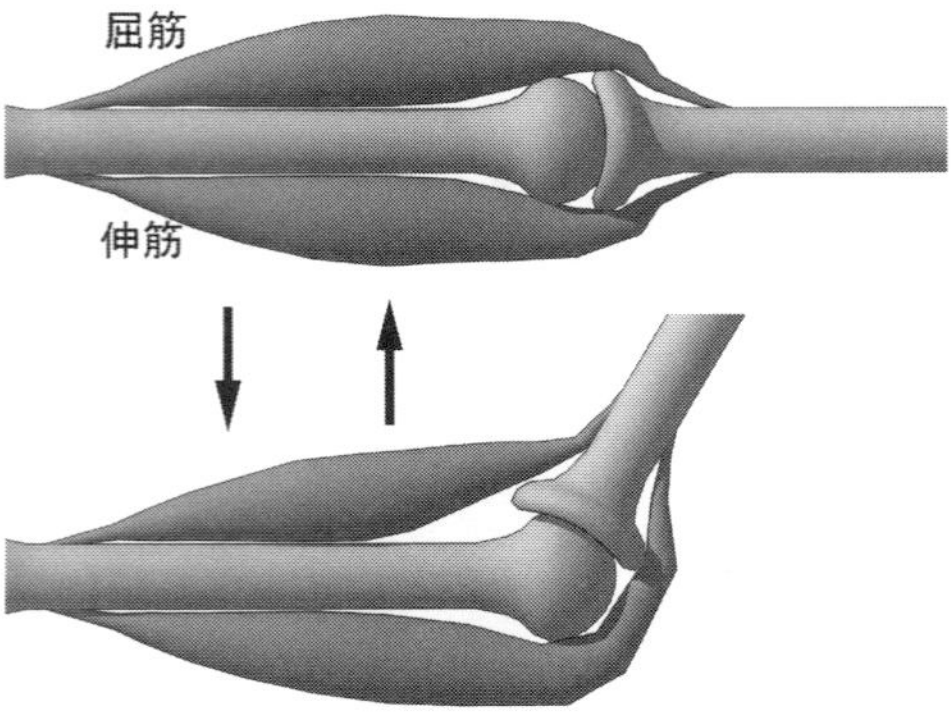

図6·5　脊椎動物の拮抗筋
腕や足の屈筋・伸筋は、お互い片方が縮めば片方が伸ばされる、拮抗筋の関係にある。

これらの背縦走筋と背腹筋は、実はすべての体節に備わっている基本セットのような筋肉で、胸部にあるものが進化の過程で飛翔筋に転用されたと考えられている。その証拠に、バッタのような比較的原始的な有翅昆虫（羽のある昆虫）では、中胸と後胸の背縦走筋の間に仕切りがあり、前後に分かれている。それがより進化したハチやハエなどの昆虫では、中胸と後胸の背縦走筋は完全に融合して、筋細胞は先端から後端まで連続している。

間接飛翔筋をもつ昆虫には、直接飛翔筋がないかというと、そうではない。これらの昆虫では、直接飛翔筋はあまり発達していなくて、羽ばたきを担うよりは羽の向きを制御して、昆虫の飛ぶ向きを変えたりする役割をもつ。つまり舵《かじ》を切る役割なので、英語で舵を切る意味で steering muscle（ステアリングマッスル）とよばれる。それに対し、本当に羽ばたきを担う筋肉は power muscle（パワーマッスル）とよぶ。

間接飛翔筋をもつ昆虫でも、甲虫（カブトムシなどの仲間）では一部の直接飛翔筋が例外的に発達していて、これがパワーマッスルとして働いている可能性がある。しかしこれが背縦走筋や背腹筋とどういう役割分担になっているかなど、詳しいことはよくわかっていない。

まとめ：

（1）飛翔筋（羽を動かす筋肉）は、羽の生えている胸部の外骨格の中にある。

（2）飛翔筋には、羽を直接動かす直接飛翔筋と、胸部外骨格を変形させることで間接的に羽を動かす間接飛翔筋の、二つのタイプがある。

（3）多くの昆虫は、間接飛翔筋により羽ばたいている。

（4）間接飛翔筋には、背縦走筋（ＤＬＭ）と背腹筋（ＤＶＭ）の２種の筋肉がある。これらは拮抗筋の関係にあって、交互に収縮させることで羽ばたきが起こる。

2 同期型飛翔筋と非同期型飛翔筋

同期型飛翔筋は、より普通の筋肉

前に述べたように、2対の間接飛翔筋をもつ昆虫が大部分なのであるけれど、飛翔筋の配置がほとんど同じでも、飛翔筋の使い方には2種類ある。

一つは同期型という。これは、人間が腕を動かしたり、鳥が羽ばたいたりするときと同じく、4章「骨格筋は、どうやって縮んだり緩んだりするか」で説明した収縮—弛緩サイクルを繰り返すことで羽ばたく方式である。飛翔筋を支配している神経から1回のインパルスが届くたびに飛翔筋が収縮し、羽ばたきが起こる。神経のインパルスと羽ばたきが完全に1対1に対応して同期しているため、同期型飛翔筋とよばれる（図6・6）。

同期型飛翔筋は、比較的原始的な昆虫に見られる。トンボ、カゲロウ、バッタ、ゴキブリ、カワゲラ、トビケラ、チョウなどである。これらをみると、昆虫の中では比較的大きめのものが多いことに気がつくだろう。後で詳しく説明するが、大きめの昆虫ほど、羽ばたきもゆっくりめなので、収縮—弛緩サイクルの繰り返しで対応できるのである。

羽ばたきを収縮—弛緩サイクルの繰り返しで行う限り、羽ばたきの頻度には限度があり、一般には1秒間に100回が上限と言われている。今後、1秒間に何回、というのを何ヘルツ、と表

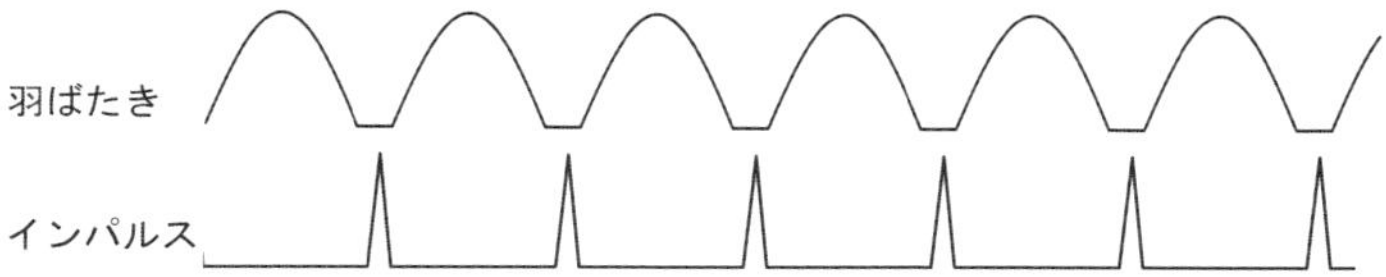

図6·6　同期型飛翔筋の羽ばたきと神経インパルスの関係
両者は完全に１：１対応している。（岩本, 2010より）

現する。羽ばたきがゆっくりめ、といっても１００ヘルツは相当に速い羽ばたきで、昆虫が飛んでいるときに羽の形をはっきり見ることは不可能だろう。人間が手を上下させて羽ばたきの真似をしてみても、１秒に１００回など、とても無理なのはおわかりだろう。

人間の体で、一番速く繰り返しの動きができるのは指だろうか？　ピアノで、テンポが四分音符＝１２０拍／分の曲だと、四分音符は１秒に２拍なので２ヘルツの速さである。このテンポの曲のなかのトリル（指を交互に動かして隣り合った鍵盤を繰り返し弾くこと）を64分音符で弾けるピアニストがいたとすると、その速さは32ヘルツである。これを２本の指で交互に弾くので、指１本あたりでは16ヘルツである。人間はこのくらいが限界なのかもしれない。

一方、鳥の中で羽ばたきが最も速いのは、ハチドリであろう。これは日本には生息していない非常に小型の鳥で、チョウのように飛びながら花の蜜《みつ》を吸う。小型の種類は、体重がわずか数グラムしかなく、その羽ばたき頻度は最高で75ヘルツだという[6-1]（74ページのコラム１「羽ばたき頻度はどうやって測るか？」を参照）。もちろん鳥の羽ばたきも収縮—弛緩サイクルの繰り返しで行っている。

収縮―弛緩サイクルの頻度に上限がある理由は、前に説明したように、収縮が終わるたびにカルシウムポンプを使って、筋細胞内のカルシウムを筋小胞体に汲《く》み戻さないといけないからである。この汲み戻しはエネルギー（ＡＴＰ）を消費する作業であるが、収縮―弛緩サイクルの頻度を上げるには、汲み戻しも急いでやらないといけない。したがって、収縮そのものの他に、汲み戻しのためにも多くのエネルギー（ＡＴＰ）を消費することになる。このため、筋小胞体はもちろん、ＡＴＰ生産工場であるミトコンドリアのためにも十分なスペースを用意しないといけない。そうすると、肝心の筋原繊維のためのスペースがなくなってしまうのである。実際、同期型で羽ばたきが比較的ゆっくりなバッタの飛翔筋でさえ、それを電子顕微鏡で観察すると、すでにかなり大きな体積をミトコンドリアが占めていることがわかる。

同期型飛翔筋は、人間を含む脊椎動物の骨格筋と比べてみても、その収縮の特性がよく似ている。筋生理学では、筋肉の性質を表すとき「力学特性」という言葉を使う。この中には、最大短縮速度、長さを一定に保ったときの張力（等尺性張力）、短縮速度と張力との関係、長さと張力との関係など、いろいろな項目があり、これらを調べることで、特定の筋肉がどのような特性をもっているのかが明らかにされるのである。

人間を含む脊椎動物の骨格筋は、弛緩しているときは比較的簡単に引き伸ばすことができ、また広い長さの範囲で力を出すことができる。サルコメアの長さで言うと、1.3マイクロメートルから3.6マイクロメートルの範囲である（取り出したカエル骨格筋細胞の場合）。体の中での長さ変化の範囲（作動範囲）はこれよりもずっと小さいが、マウス（ハツカネズミ）を使って測定した結果では、およそ2.3マイクロメートルから2.8マイクロメートルまで変化するので［6-2］、約20％の長さ変化の範囲ということになる。

これと同じように、昆虫の同期型飛翔筋も比較的簡単に引き延ばすことができる。実際に羽ばたき中に計測された長さ変化の範囲は、スズメガでは最大13％程度［6-3］、トンボでは10％程度である［6-4］。またカルシウムを加えただけで大きな力を出すなど、他にも類似点がある。

ただし、同期型であっても、飛翔筋は体の他の筋肉（体壁筋：胴体、脚やあごなどにある筋肉）とは違っていることは「速い筋肉、力強い筋肉」（4章2節）のところで説明した。繰り返すと、飛翔筋はサルコメアが短めで、速く縮むのに適した筋肉である。一方、体壁筋のほうはサルコメアが長く、速く縮むよりは力を出すのに適した筋肉である。サルコメアの長さだけでなく、飛翔筋では1本のミオシン繊維は6本のアクチン繊維に取り囲まれているが、体壁筋では通常12本のアクチン繊維に取り囲まれている（図6・7）。つまりミオシン分子はその分だけ多くのアクチン繊維に結合できるので、なおさら大きな力が出せるわけである。外見も違っていて、体壁筋は筋細胞が細めで透明感があるが、飛翔筋は筋細胞が太めで、色もクリーム色からピンク色で濁った感じがする。このように、比較的原始的な昆虫でも、飛翔筋は他の体壁筋とは違う特殊な筋肉へと分化しているのである。

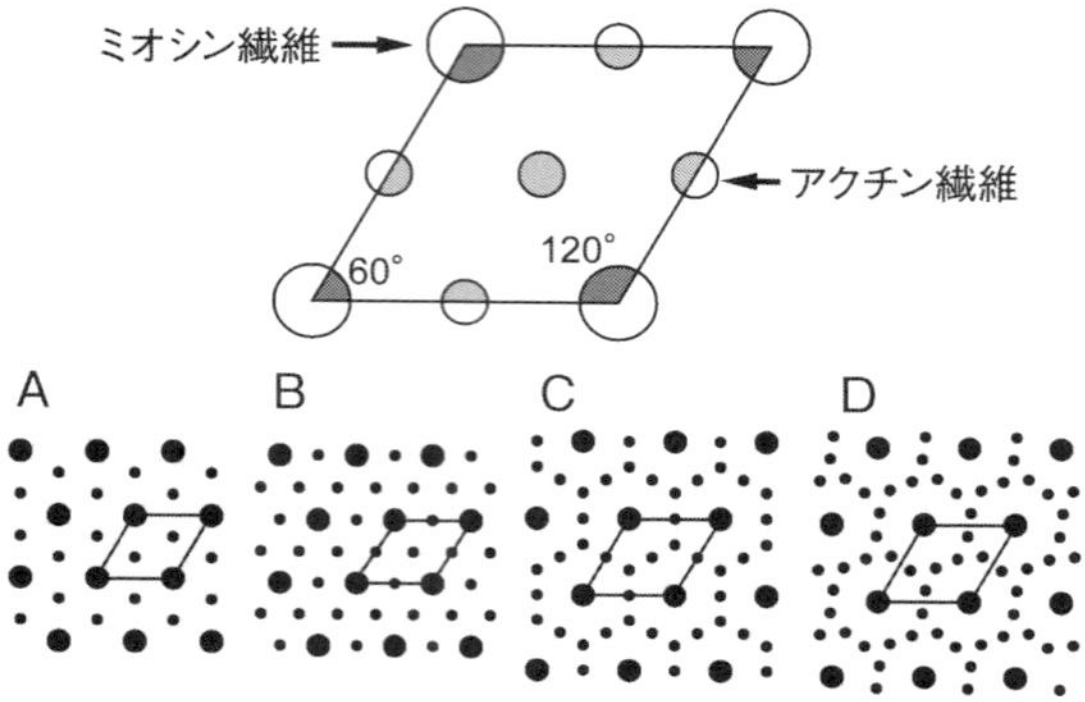

図6·7　いろいろな横紋筋のサルコメアの断面図
ミオシン繊維（大きな丸）とアクチン繊維（小さな丸）が6角格子の形に並んでいるのは、どの筋肉にも共通である。ひし形で囲んだ部分は単位胞といって、サルコメアの断面はこの最小の繰り返し単位がタイルのように並べてあるものと考えてよい。このひし形の中には、必ず1本分のミオシン繊維がある（扇形に切り取られたミオシン繊維が、60度のものが二つ、120度のものが二つで合計360度、つまり1本分）。上の図は昆虫飛翔筋の場合で、アクチン繊維は3本分ある。下の図のAは脊椎動物の骨格筋で、ひし形の中に2本のアクチン繊維がある。つまりミオシン繊維とアクチン繊維の数の比は1：2である。Bは昆虫の飛翔筋で、同様に数比は1：3。CとDは昆虫の飛翔筋以外の筋肉で、数比が1:5の場合（C）と、1：6の場合（D）がある。文献[6-12]より。

非同期型飛翔筋は、高度に特殊化した筋肉

前の項で、同期型飛翔筋をもつ昆虫の羽ばたき頻度の上限は100ヘルツだということを書いた。しかし私たちの身の回りにいる小さな昆虫たちは、100ヘルツを超える頻度で羽ばたいているものが多い。ブーンという羽音のする昆虫は大体、100ヘルツを超える頻度で羽ばたいていると思ってよい。ハエや小型のハチ（ミツバチとかハナバチとか）は大体100から200ヘルツ程度であるが、蚊の場合はあの不快な甲高い羽音からもわかるように、それよりずっと高い500ヘルツ程度で羽ばたいている[6-5]。

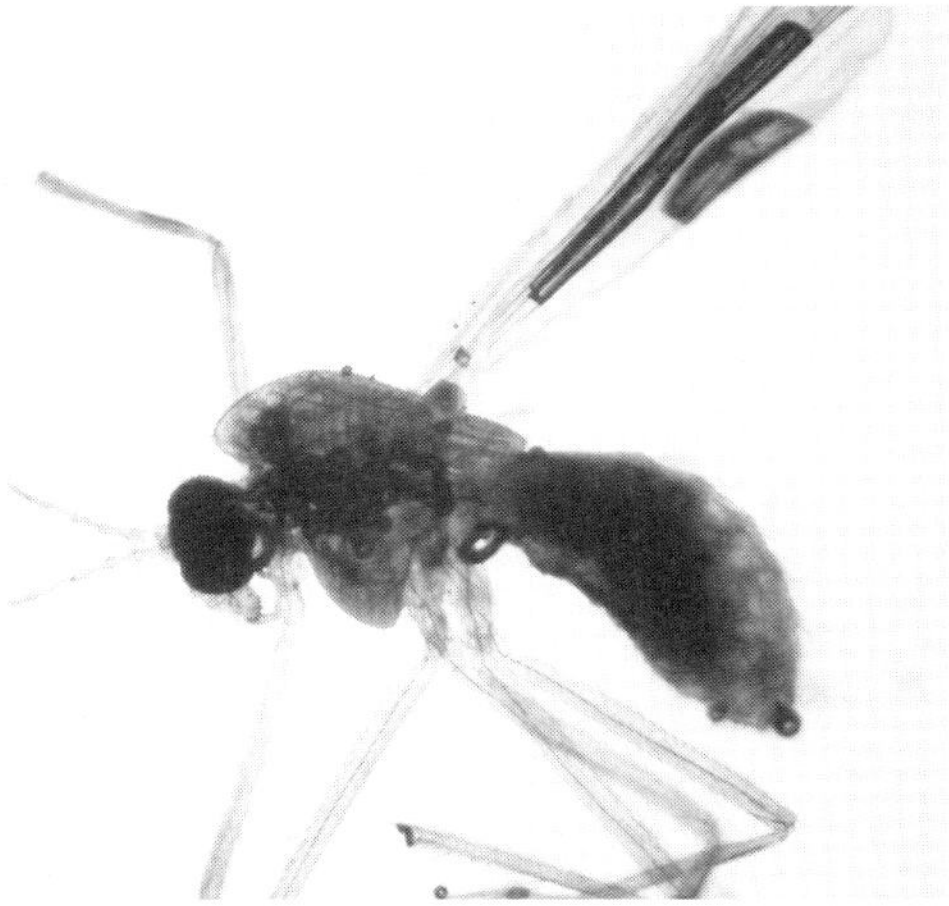

図6·8　ユスリカの一種の顕微鏡写真
小型種のため、胸部の中の飛翔筋細胞の1本1本が透けて見える。細胞の本数を数えるとDLM、DVMともに左右それぞれ6本ずつである。ショウジョウバエでも同じで、これが基本単位らしい（写真はグリセリンに漬けて撮影）。

特に羽ばたき頻度の高いのは、蚊に近い仲間であるユスリカ（図6·8）やヌカカのうち、小型のものである。ユスリカは蚊によく似ているけれど、血を吸うことは

ない。しかし、水辺に生息して場合によっては大発生し、不快昆虫として扱われることがある。群飛する習性のあるものがあり、いわゆる「蚊柱」を立てる。

ヌカカも形は蚊によく似ているが、小型の種類が多く、一部は吸血性である（図6・9）。人を刺す種類もいる。現在はあまり使われなくなったと思うが、昔は就寝時などに部屋に蚊帳《かや》を吊《つ》って、蚊が侵入するのを防いだものである。しかしヌカカは余りに小さいので、蚊帳の網の目をくぐり抜けてしまうことで知られていた。

このようなユスリカやヌカカの小型の種類の羽ばたき頻度は、実に1000ヘルツに達するという[6-6]。このように高い羽ばたき頻度で飛ぶ昆虫は、ハエ目（双翅目）といって、羽が2枚しかないグループのものが多い。小型の昆虫は、次に説明するように、高い頻度で羽ばたかないと飛ぶことができないのだが、蚊の仲間は羽音をコミュニケーションにも使っているため、そのためにも高い頻度で羽ばたく必要があるようである。羽音の周波数は、蚊の種類によって厳密に決まっていて、同じ種類かどうかを確かめられるようになっているという。

図6·9　吸血するイソヌカカ

小さい昆虫が高い頻度で羽ばたくのは、流体力学的な理由がある[6-7]。昆虫の体が小さくなれば体が軽くなるから、それだけ飛ぶのに有利な気がするけれど、必ずしもそうではない。体重は体積に比例する。体積はタテ×ヨコ×タカサ、つまり長さの3乗に比例するから、もし昆虫の体形が変わらずに長さが半分になれば、体重は2分の1の3乗で8分の1になる。一方、もちろん羽の長さも半分になり、羽の面積はタテ×ヨコだから長さの2乗で4分の1である。この小さくなった羽が生み出す、昆虫を持ち上げる力（揚力という）は、実は長さの4乗に比例することがわかっている[6-7]。だから、昆虫の長さが半分になると、体重は8分の1になるけれど、揚力はさらにその半分の16分の1になってしまうのである。したがって、2倍一生懸命に羽ばたかないと飛ぶことができなくなる。これが、小さな昆虫が高い頻度で羽ばたく理由である。

さて、羽ばたき頻度が100ヘルツを大きく上回ると、さすがに同期型飛翔筋では対応できなくなる。その理由は先に述べたとおりで、カルシウムの出し入れに必要なエネルギーが膨大になるからである。それでは、蚊などの小さい虫たちは、なぜ平気?で1秒に500回も羽ばたきながら飛んでいるのであろうか?　その秘密は、非同期型飛翔筋にある。非同期型飛翔筋のポイントは「1回の羽ばたきごとにカルシウムの出し入れをすることをやめた」という点にある。

非同期型飛翔筋の場合、昆虫が飛んでいるときは、頻度の低い神経インパルスによって、筋細胞内のカルシウムの濃度が一定に保たれている。そして、カルシウム濃度が上がっただけでは筋細胞は十分に活性化することはない。十分に活性化されて大きな力を出すためには、カルシウムに加えて「外からちょっと引っ張ってやる」ことが必要である。ちょっと、とは、筋細胞の長さの1~3パーセントくらいである。

先に、昆虫の飛翔筋（間接飛翔筋）にはDLM、DVMという二つの拮抗筋があり、片方が縮むともう片方が引き伸ばされる関係にあると書いた。つまり、一つの飛翔筋は、自分が力を出して縮むと、相手を「外からちょっと引っ張ってやる」ことを同時にやっている。すると引っ張られたほうは、大きな力を出して相手を引っ張り返すのである。これを交互に繰り返すことによって羽ばたきを続けることができる[6-8]。この交互の収縮は自律的に行われ、神経インパルスが個々の羽ばたきのタイミングを決めることはない。だから神経インパルスと羽ばたきのタイミングはまったく合っていないのである。そのような理由から、この方式で羽ばたきを起こす飛翔筋のことを非同期型飛翔筋という。

通常は1回の神経インパルスに対して7~8回程度の羽ばたきが起こる（図6・10）。羽ばたきの頻度は胸部の共振周波数（物体の最も振動しやすい周波数で、これと同じ周波数の振動を外から加えてやると共鳴を起こし、振動の振幅が最も大きくなる）に近く、同期型と違って特に上限がないため、500ヘルツでも1000ヘルツでも可能である。小さい虫のほうが胸部の共振周波数が大きいから、羽ばたきの頻度も高いのであるが、ミオシンのATP分解活性も、小さい

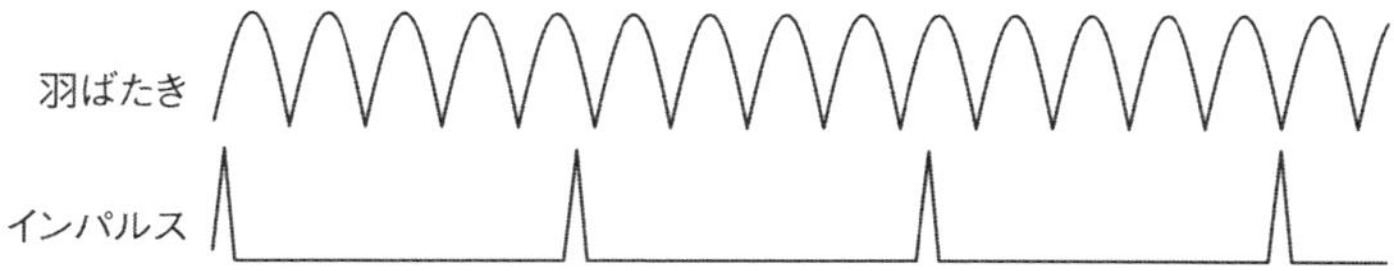

図6·10　非同期型飛翔筋の羽ばたきと神経インパルスの関係
神経インパルスと羽ばたきはまったく同期しておらず、羽ばたきの頻度のほうがずっと高い。（岩本, 2010より）

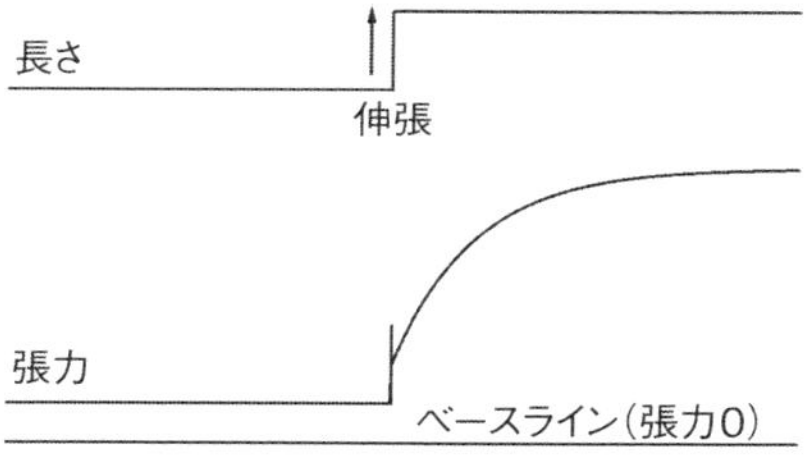

図6·11　非同期型飛翔筋の伸張による活性化
非同期型飛翔筋を外部から引っ張ってやると、遅れて大きな力を出す。

虫のほうが高いことがわかっている[6-9]。つまりミオシンの酵素的性質も、羽ばたきの頻度に合わせて最適化されているわけである。

先に書いた「外からちょっと引っ張ってやる」ことで十分に活性化され、大きな力を出す性質は「伸張による活性化」とよばれ、非同期型飛翔筋の最も重要な性質である[6-8]（図6·11）。この「伸張による活性化」がどんなしくみで起こるかは現在でも十分には解明されておらず、何十年にもわたって昆虫飛翔筋研究者の最も重要な研究テーマであり続けている。

コラム1　羽ばたき頻度はどうやって測るか？

現在では、非常に高速で感度の高いビデオカメラがあり、毎秒何万コマというスピードで撮影できるので、昆虫が1000ヘルツで羽ばたいていても問題なく記録できる。しかし、以前はそのような高速ビデオカメラはなかったので、羽ばたき頻度をどうやって測ったのかということによく注意しないといけない。当時の研究者は、さまざまな工夫をして昆虫や鳥の羽ばたき頻度を測っていた。先に書いたハチドリの話[6-1]では、毎秒60コマのビデオカメラを使って75ヘルツまでの羽ばたきを測っている。そんなことができるのかと思うかもしれないが、羽ばたきが60ヘルツならビデオでは羽は止まって見える。60ヘルツを超えると、羽がゆっくり逆向きに打っているように見え始める。逆向きに15ヘルツで打っているように見えたら、実際の羽ばたき頻度は75ヘルツというわけである。

小型の昆虫の胸部をレコードプレーヤーのピックアップ（針の振動を拾う部品）に貼り付けて、羽ばたきの振動を電気的に記録する方法で測っていた研究室がある。また、羽が周期的に光をさえぎるのを光学的に測ることもできるだろう。羽音を録音する研究も多い。しかし、羽音には倍音が含まれているので、注意しないと羽ばたき頻度を誤って倍にしてしまう可能性がある。昆虫で最高の1000ヘルツの羽ばたきを記録した論文[6-6]は1950年ごろに出版されているが、なんと、この論文の著者は絶対音感の持ち主で、羽音を直接耳で聞いて音階名を言い当てたのだという。

非同期型飛翔筋は、どんな昆虫がもっているか？

非同期型飛翔筋をもっている代表的な昆虫は、分類群でいうとハチ目（膜翅目：ハチやアリ）、ハエ目（双翅目：カ、ブユ、ハエ、アブ）、甲虫目（鞘翅目：カブトムシ、コガネムシ、カミキリムシなど）である。これらの分類群では、恐らくすべての種類が非同期型飛翔筋をもつ昆虫である。カメムシ目（半翅目：カメムシ、セミ、ヨコバイ、ウンカなど）では同期型と非同期型が混在している。カメムシ、ヨコバイ、ウンカ、アブラムシは非同期型、セミやハゴロモは同期型である。その他、マイナーなところではアザミウマ目やネジレバネ目という微小昆虫が非同期型と考えられる。その他の一般に知られている昆虫はほぼ同期型と考えてよい[6-10]。

ある昆虫の飛翔筋が同期型か、非同期型かを調べるにはどうしたらよいか？　もちろん、羽ばたきと神経インパルスを同時に測定すれば確実である。羽ばたきは、光学的に測定して電気信号に変えればいい。記録用の電極を神経に直接触れさせて（または刺して）神経インパルスを測定する方法もあるが、より簡単なのは筋電図を測定することである。筋電図は、筋細胞が興奮するときに起こる電圧の変化を測定するもので、筋細胞の興奮は神経インパルスと同期しているし、神経より筋肉全体のほうが体積がずっと大きいので測定がより簡単である。非常に細い針金の電極を、昆虫の胸部に差し込んで測定する。

そうは言っても、筋電図を測ったりするにはそれなりの実験装置が必要で、小さい昆虫では電極を差し込むのも無理だったりする。そこまでしなくても、非同期型飛翔筋には他の筋肉にない、いろいろな特徴があるため、これは非同期型だろうと推測することができる。

一つは筋細胞が「伸張による活性化」を示すかどうかである。これは、筋細胞を取り出して人工的に引っ張ってやって、そのときの筋細胞の力を測定するのである。明瞭な「伸張による活性化」が認められれば、確実に非同期型といっていい。しかし、この測定にもそれなりの実験装置が必要だし、昆虫が小さければ技術的に難しい。この測定に使われている最小の昆虫は恐らくキイロショウジョウバエという超小型のハエで、筋細胞の長さが1ミリ弱くらいしかない。これの力を測るのはかなり神業的である。しかしキイロショウジョウバエは実験動物としてよく使われており、遺伝子組換え技術も確立しているので、飛翔筋に関してもキイロショウジョウバエを使って実験できれば非常にメリットが大きいのである。

最も簡便な方法は、筋細胞をほぐしてみることである。非同期型飛翔筋の筋細胞の中には、1本1本の筋原繊維がかなりばらばらに離れて入っているので、ピンセットの先などでほぐしてやると筋原繊維が簡単にほぐれる（このようなタイプの筋肉は、適当な邦訳がないがフィブリラー・マッスル fibrillar muscle とよばれている）。一方同期型のほうは（脊椎動物の骨格筋などもそうであるが）、隣り合った筋原繊維同士がくっついているので、簡単にほぐれない。昔の文献では、この特徴だけで同期型か非同期型かを判断したものがあるが[6-10]、やはりそれだけでは証拠として不十分である。小型で調べるのが難しい昆虫でも、より確実な手段による証拠が欲しいものである。後で詳しく述べるが、電子顕微鏡観察やX線回折の方法で微細な構造を調べることも、有効な判断の基準となるし、これらの方法は微小な昆虫にも応用することができる。

たとえばアザミウマ目の昆虫は通常1〜2ミリくらいと非常に小さく、文字通りアザミなどの花の中に住んでいることが多い。屋外にアザミの花が咲いていたら、取ってきて白い紙の上でたたくと、本当に小さくて細長い虫がぱらぱらと落ちてくるだろう。これがアザミウマである。成虫は、拡大してみると背中に細長い針のような羽をたたんでいる。この昆虫は余りに小さいので、電極を刺して筋電図をとることもできないし、解剖するのも大変難しい。しかしX線回折の結果から、確実に非同期型飛翔筋をもっているということができる[6-11]。

進化は後戻りしない?

さて、このようにして見てくると、同じ目の中に同期型と非同期型が混じっているカメムシ目を除き、同じ目のなかの昆虫はすべて同期型か、すべて非同期型のどちらかであるように見える(ハチ目の中でも最も原始的なキバチ類だけは同期型だという報告はあるが、根拠が示されておらず本当であるか疑わしい)。

進化の途上で、非同期型の飛翔筋をもつ昆虫が生まれた理由は前に説明したとおりで、体の小型化に伴い、100ヘルツ以上の羽ばたきが必要になったためと考えられている。したがって、ある目のなかで最初に非同期型の飛翔筋をもつ祖先が出現したとき、それは小型の昆虫であったと想像される。しかし、現在では非同期型飛翔筋をもつ同じ目、例えば甲虫目でもずいぶんと体の大きさに違いがあるのに気づくだろう。微小な甲虫は体長1ミリにも満たないが、ヘラクレスオオカブトムシのように超巨大なものまでいる。

大型の甲虫は、小型の甲虫から二次的な進化で大きくなったと考えられている。大型の甲虫の羽ばたき頻度は20~30ヘルツ程度で、同期型で十分に対応できる頻度であるが、このような大型の甲虫でも飛翔筋はやはり非同期型なのである。飛翔筋の研究に大きな貢献をした英国オックスフォード大学のプリングル教授は、進化の過程は不可逆で、飛翔筋がいったん非同期型になった後で二次的に体が大型化しても、同期型に戻ることはないのだと説明している[6-8]。

しかし筆者は、セミの場合では、非同期型から同期型へ後戻りした可能性があると考えている。セミはカメムシ目の中でも同翅亜目というグループに属しており、同じ同翅亜目のヨコバイとは大きさはまるで違うけれど、体の形は非常によく似ている（図10・3を参照）。セミは英語ではcicada（シケイダ）というが、ヨコバイは*Cicadella*（シカデラ、ラテン名）とよばれる。語尾の *-ella* というのは縮小語尾で、「小さな」という意味であるから、*Cicadella* は小さなセミ、という意味になる（シンデレラも同じ。cinder は「灰」であるから、cinderella は「灰まみれの小娘」

のような意味である）。とにかく、その名のようにセミとヨコバイはよく似ている。顕微鏡でヨコバイの顔を見てみたら、セミとそっくりなのに驚くだろう。

これらの昆虫は不完全変態で、さなぎの時期がない。ふつう、不完全変態の昆虫は成虫も幼虫も形がよく似ていて、同じようなところにいて同じものを食べて（吸って）いる。成虫になるときに突然立派な羽が生えるのである。ヨコバイはまさにそのとおりである。しかしセミはよく知られるように、幼虫は土の中にいて植物の根から汁を吸っている。何年か地中で過ごした後、地上に出てきて殻を脱いで成虫になり、その後は自由に飛びまわって地上の樹木などの汁を吸っている。またオスは大きな声で鳴けるように特殊な体の構造となっている。

このように、セミはヨコバイに比べると生活環も体のつくりも特殊化していて、ヨコバイのような小さな昆虫から進化したと予想される。しかし、ヨコバイの飛翔筋が非同期型なのに対して、セミの飛翔筋は同期型なのである。もちろんセミの羽ばたき頻度は100ヘルツより低いので、同期型飛翔筋で問題ない。これが、最初は非同期型だったものが同期型に逆戻りしたのではないか、と筆者が思う理由は、筋細胞内のタンパク質の並び方が非同期型の飛翔筋のものとよく似ているからである（10章1節を参照）[6-12]。

非同期型飛翔筋の特徴

非同期型飛翔筋は、先に述べた「伸張による活性化」の他に、他の筋肉にはない、いくつもの共通した特徴をもっている。

まず、機能上の特徴であるが、「短縮もできないし、引き伸ばすこともできない」という、筋肉にはありえないような性質をもっている。先に「同期型飛翔筋は、より普通の筋肉」(6章2節の項)のところで、脊椎動物骨格筋の作動範囲は20%くらい、同期型飛翔筋の作動範囲は10~13%くらい、ということを書いたが、非同期型飛翔筋の作動範囲はせいぜい3%くらいである[6-13]。

また脊椎動物骨格筋と同期型飛翔筋の筋細胞は、引っ張れば体の中での作動範囲を越えて伸ばすことができるが、非同期型飛翔筋の筋細胞は引っ張ろうとすると強い抵抗があり、無理に引き伸ばそうとすると壊れてしまう。

これは、サルコメアの境界にあるZ膜とミオシン繊維をつないでいる弾性タンパク質(脊椎動物骨格筋のコネクチンに相当、「プロジェクチン」[6-14]という)が非常に太くてしっかりしているためである(図6・12)。つまり、ミオシン繊維が太くて硬いバネにつながっているため、筋肉を伸ばすのに大きな力が要るのである。脊椎動物の骨格筋ではコネクチンの繊維は非常に細いので、電子顕微鏡で観察してもよく見えない。しかし非同期型飛翔筋のプロジェクチンの繊維ははっきり見ることができる。このように弾性タンパク質の繊維が太くなって筋肉の長さが変えにくくなっているのは、恐らくミオシン繊維上の個々のミオシン分子と、アクチン繊維上の個々のアクチン分子の位置関係を正確に保つという意味があるのだろう（後述の『「伸張による活性化」のしくみに関する従来の説』8章2節を参照）。

まとめ：

（1）間接飛翔筋には、昆虫の種類によって、同期型と非同期型の二つのタイプがある。

（2）同期型は1回の神経インパルスで1回の収縮を起こすタイプで、より原始的な昆虫にみられ、あまり速い羽ばたきには対応できない。

（3）非同期型は神経インパルスよりはるかに高い頻度で羽ばたきを起こすことができ、毎秒1000回でも可能である。より進化した小型の昆虫に見られる。

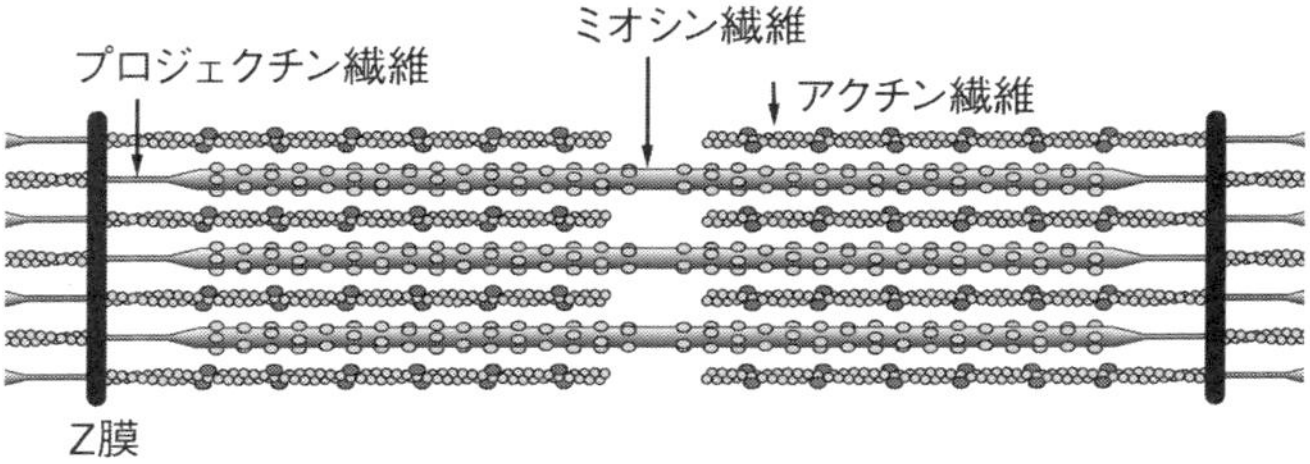

図6·12　非同期型飛翔筋のミオシン繊維を、Z膜と結んでいるプロジェクチン繊維
（岩本, 2010より）

（4）非同期型動作にとって最も重要なのが、「伸張による活性化」という機能である。このしくみを解明することが、飛翔筋研究の最も重要なテーマである。

7章　X線で非同期型飛翔筋の構造を調べる

1 X線回折法の原理

筋肉の構造、特に分子レベルの細かい構造を調べるのに非常に役立つ研究方法が、「X線回折」というものである。

X線というと、恐らく健康診断のときのX線胸部撮影とか、空港の手荷物検査などを思い浮かべるのではないだろうか。最近は歯科の健診でもX線撮影は広く使われている。これらの方法は、物質のX線吸収率の違いによって物体内部の構造を画像にして表す、「X線イメージング」という手法である。

それに対して、X線回折という方法はまったく違っていて、物体に当たって散乱したX線どうしの「干渉」を調べる方法である。これはなかなか説明が難しいのだが、これによって、ナノメートル（1ミリメートルの百万分の1）からオングストローム（さらにその十分の1）程度の分解能で、物体の構造を調べることができる。オングストロームといえば、原子1個の大きさくらいなので、まさに物体の中のそれぞれの原子がどこにあるかを知ることができるのである。

干渉とは難しい概念だが、最も簡単な例として、静かな水面に、2個の石を同時に落としたケースを考えてみよう（図7・1）。石が落ちた場所から、波が同心円状に広がっていく。そして2個の石が落ちた場所から広がる波は、ぶつかりあうことになる。そのとき波の山と山、または谷

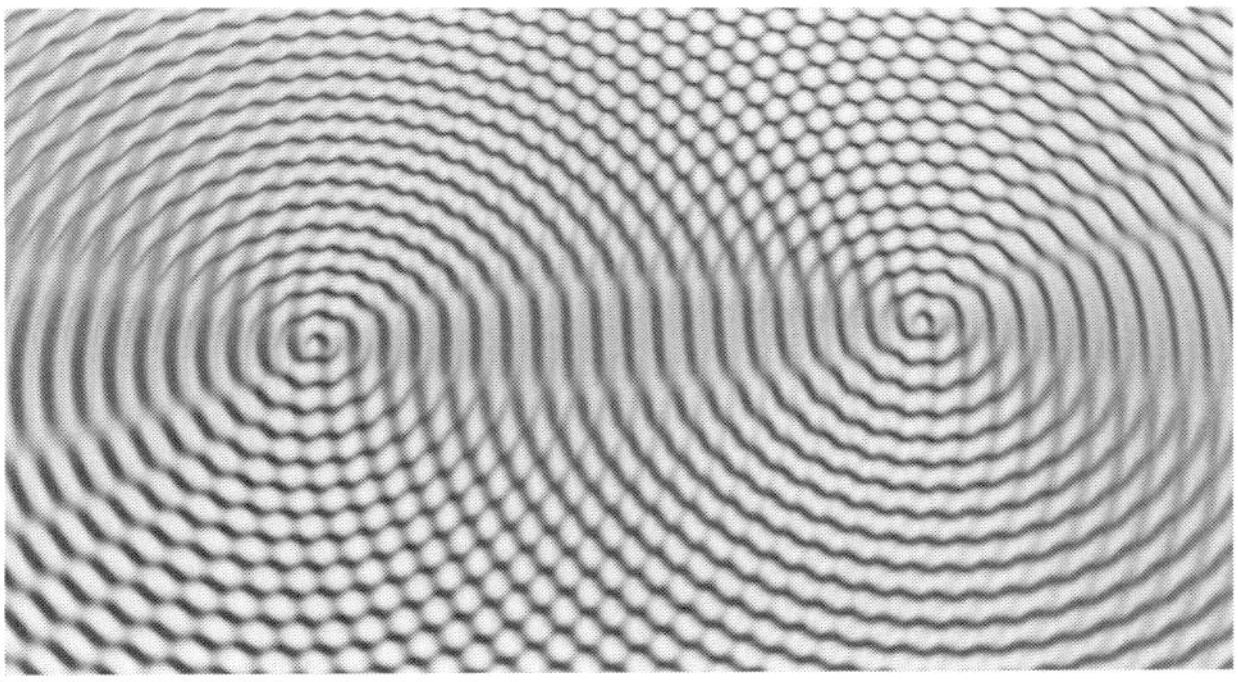

図7·1　水面に二つの石を同時に落としたときにできる波紋
コンピューターグラフィックス（CG）により再現したもの。二つの石により生じた波は、お互いに干渉して強め合ったり弱め合ったりする。

と谷どうしが重なれば、波はお互いに強め合って山の高さは倍になる。一方、山と谷がぶつかればお互いに打ち消しあって、その場所では波が消えてしまう。これが干渉である。この干渉の様子を調べることによって、二つの石がどれだけ離れた場所に落ちたかを知ることができる。

光も電磁波といって、波の性質をもっているから、同じように干渉が起こる。X線も電磁波で、光である。われわれがいつも見ている可視光と何が違うかというと、波長が違う。波長とは、波の一つの山のピークから、次の山のピークまでの距離である。これが、可視光だと大体400ナノメートルから700ナノメートルくらいである。X線の場合は波長は0.1ナノメートル（1オングストローム）前後である。

光の干渉で、上の二つの石を落とす実験に相当

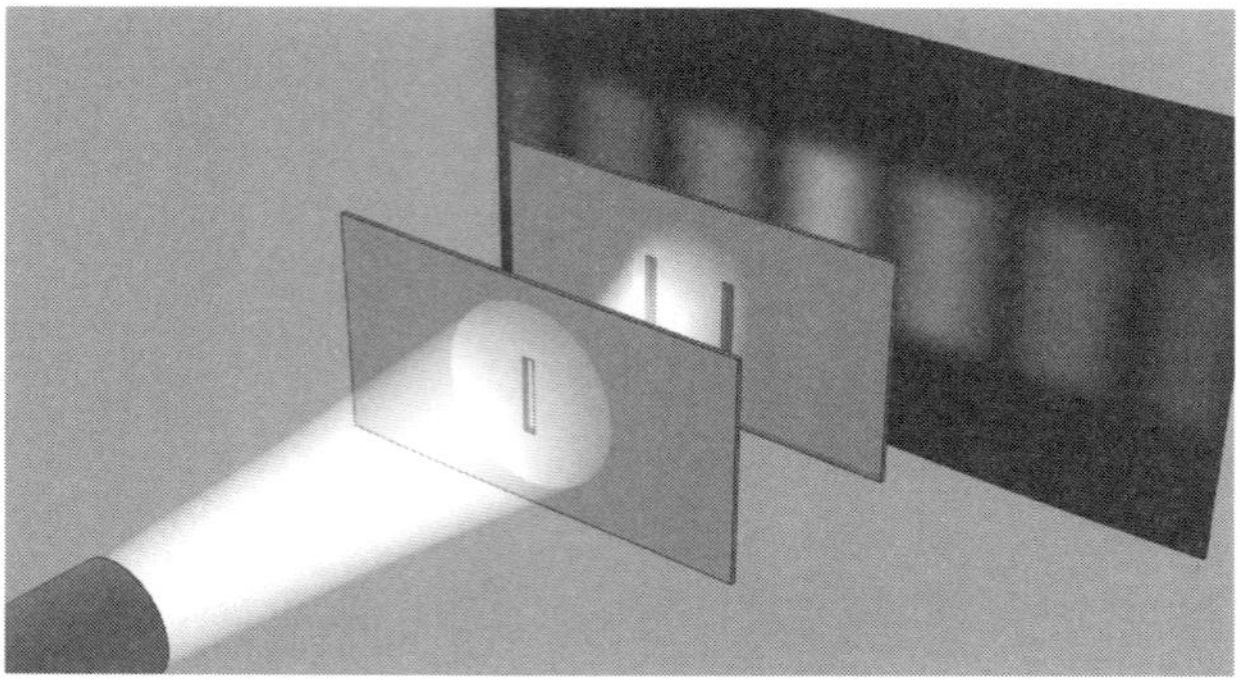

図7·2　ヤングのスリット実験
手前のスリットは波面（波の位相）の揃った光をつくるためのもの。これを通った光が向こう側のスリットに当たると、二つの穴を通った光が干渉して、強め合うところはスクリーンに明るく映り、弱め合うところは暗くなるので縞模様が見える。

するのが「ヤングのスリット実験」である（図7・2）。少し離れた二つの細いスリット（すき間）に光を当てると、二つのスリットを抜けて出た光どうしが干渉を起こして、その先にスクリーンを置くと、明るいところと暗いところが交互に映った縞模様が見える。これを干渉縞という。明るいところが強めあったところ、暗いところが打ち消しあったところである。この干渉縞の間隔は、スリットの間隔に反比例するため、干渉縞の間隔を測ればスリットの間隔を知ることができる。つまりスリットの構造を知ることができる。

これと同じことで、離れた場所に2個以上の原子や分子があり、それらに同時にX線を当てれば、それらの原子や分子によって散乱されたX線同士が干渉して、強めあうところ、弱めあうところをつくる。実際の物体の中には、非常に多数の原子や分子が立体的に並んでいるので、干渉の様子はずっと複雑であるが、原理は同じである。そして、スクリーンに映った、明るいところ、暗いところを記録した映像（これをX線散乱像、あるいはX線回折像という。実際にはX線検出器という装置で記録する）を解析すれば、その物体の構造に関する情報を得ることができる。

まとめ：
X線回折法は、物質に当たって散乱したX線がお互いに干渉する現象を利用して、その物質の細かい構造を調べる方法である。

2　X線結晶構造解析

X線の最も得意とするところは結晶の構造解析である。結晶とは、中の原子または分子が非常に規則的に立体的に（3次元に）並んでいるもので、一番身近なのは食塩（塩化ナトリウム）の結晶だろう。普段料理に使う食塩はそれ自体が結晶なのだが、食塩水をゆっくり乾燥させると、大きくてきれいな結晶をつくることができる（図7・3）。それは、立方体の形をしているはずだ。これは結晶の中の原子（塩素とナトリウム）の並び方を反映している。立方体の面と面がきっちり揃うようにジャングルジムのように積み上げたとき、各立方体の頂点に塩素またはナトリウムの原子が来るような構造になっている。このような結晶の中の原子や分子の並び方のことを「格子」とよび、食塩の結晶の場合は立方格子（面心立方格子）という。その他にもさまざまな格子の種類が存在する。

結晶の中では原子や分子が非常に規則的に並んでいるため、ある特定の方向からX線を当てると、中のすべての原子や分子からの散乱が強め合って、スクリーン上の非常に狭い範囲にスポット状に非常に明るい斑点が現れる。この斑点の一つ一つを「反射」といい、結晶の中の規則性を反映してスクリーン上の反射も規則的に並ぶ。反射とよばれる理由はこうである。結晶をある平面にそって切断すると、その平面上に原子や分子が揃って並んでいる面がある。そして、その面に対してX線を当てると、ちょうど光が鏡に当たって反射するように、入射角と反射角が同じになるように強めあった散乱X線が出て行くからである（図7・4）。約100年前に結晶の

図7·3　食塩水をゆっくり乾燥させてできた、食塩の結晶
筆者撮影。

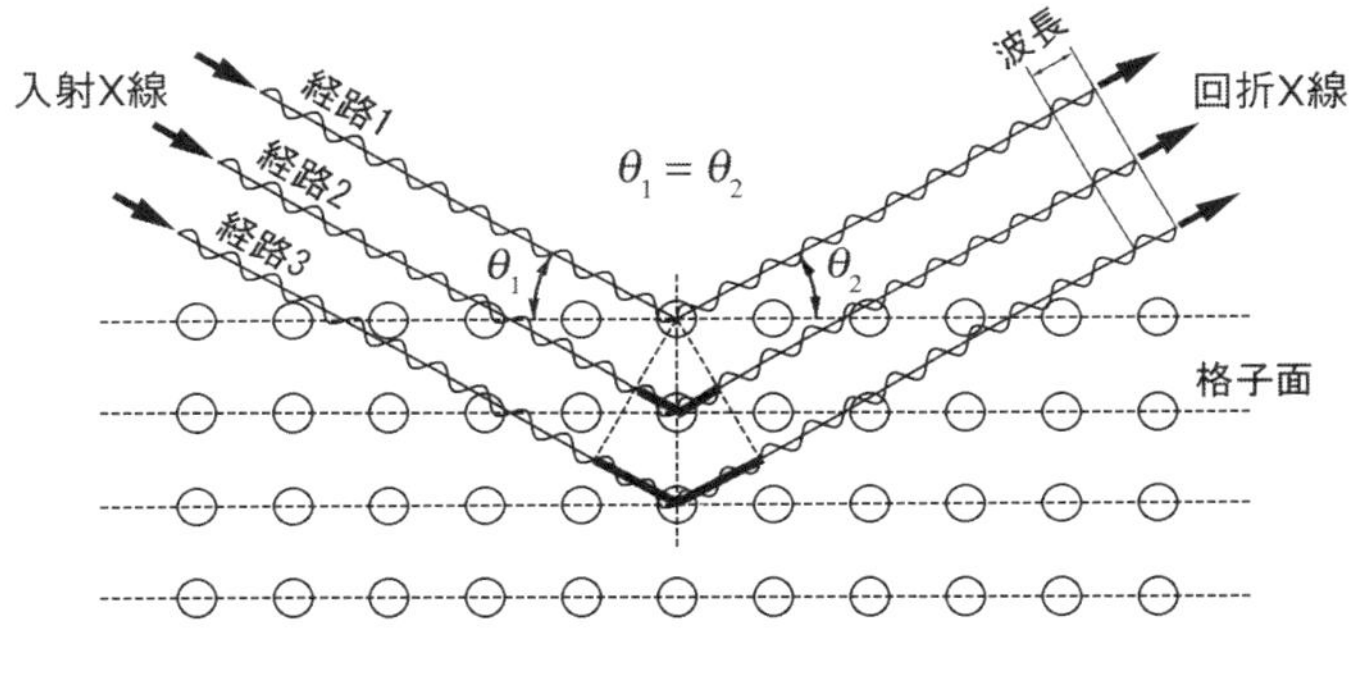

図7·4　結晶にX線を当てたときに起こる反射
結晶のある格子面に対して、特定の入射角（θ_1）でX線を当てたとき、入射角と同じ角度で散乱するX線が強め合って非常に強い散乱を生じる。これは、違う格子面にX線が当たったときの経路の長さの違い（図で太線になっているところ）がちょうど波長の整数倍なので、散乱していくX線の波面が必ず揃うからである。入射角（θ_1）と出射角（θ_2）が等しいことがちょうど光が鏡に反射するように見えるので、こうして生じる強い散乱のことを反射という。なお、この条件を満たさない角度で散乱するX線は互いに打ち消しあって、外から観測できない。

回折理論を確立したブラッグ親子は、親子でノーベル賞を受賞した。

このように、散乱した光の干渉によって、強い輝度の斑点などのパターンを生じる現象を「回折」とよんでいる。

X線結晶構造解析は、食塩のような無機物の構造解析にももちろん重要であるが、有機物（炭素を含んだ化合物）の構造解析にも有効である。特に、タンパク質の結晶構造解析は現在の生命科学の研究に非常に重要で、欠かせない研究手段になっている。体の中、細胞の中でタンパク質が働いているときは結晶をつくらないけれど、タンパク質をある特殊な人工的溶液環境に置くと、タンパク質の分子同士が規則的に並んで食塩のような結晶ができる。この結晶は通常1ミリメートル以下の小さいものだが、X線を当てると食塩のときと同じように明るい反射を生じるので、それを解析するとタンパク質の構造を知ることができる。このとき「構造を知る」というのは、一つのタンパク質の分子の中で、それをつくっている炭素、窒素、酸素などの原子がどの位置にあるかを知ることであって、それによってアミノ酸の鎖がどう折りたたまれているかがわかり、そのタンパク質がどういう働きをするのかまで推測できる。

また最近では創薬といって、新薬を開発するうえでもタンパク質の結晶構造解析は非常に重要である。なぜなら、新薬の多くは特定のタンパク質をターゲットとして、そのタンパク質の働きを抑制したり、促進したりするようにデザインされるからである。その際に、タンパク質の立体構造に関する知識が欠かせない。ちょうど鍵と鍵穴のように、タンパク質にぴったりはまり込むような薬剤分子を開発し、実際に意図したとおりにはまり込んでいるかどうかも、タンパク質結晶構造解析で確認できるのである。

筋肉のタンパク質についても、アクチン、ミオシンをはじめ、多くの重要なタンパク質の構造がX線結晶構造解析により決定されている。結晶構造解析がうまくいくかどうかの鍵は、まず、純度の高いタンパク質が大量に用意できるかということと、質の高い結晶がつくれるかということである。タンパク質の結晶ができる条件はタンパク質ごとにみな違い、こうすれば結晶ができる、という決まった条件がない。それで、いろいろと液の組成を変えて試行錯誤するのだが、そのようなこともあって、最終的に構造が決まるまでにはたくさんのタンパク質が必要になるのである。以前は生体組織からタンパク質を抽出して、一生懸命精製したのであるが、最近では遺伝子組換え技術によって大腸菌などに必要なタンパク質をつくらせることで、均質なタンパク質を大量に得ることが一般的になっている。

まとめ：

X線回折法の最もよく用いられる応用が、結晶構造解析である。結晶にX線を当てると、その中で規則的に並んだ原子からの散乱が干渉によって強め合い、特定の方向に非常に強い散乱を生じる。これを反射という。この反射を調べることで、結晶の中の原子の位置を知ることができる。

3　X線繊維回折法

X線回折実験の対象は、結晶だけではない。他にも重要な実験方法がいくつもあるが、その中でも、特に筋肉に関して重要な方法がX線繊維回折法というものである。これは文字通り、繊維状の試料にX線を当てて、繊維の中の原子・分子の配置を知る方法である。

遺伝情報を含む分子であるＤＮＡ（デオキシリボ核酸）が二重らせん構造をしていることはご存知だろう（図７・５）。そしてＤＮＡの構造が二重らせんであることを明らかにしたのがＸ線繊維回折法である[7-1]。この研究が行われたのはもう70年も前の話であるが、この功績によってワトソンとクリックはノーベル賞を受賞した。

ＤＮＡ以外にも、繊維状のものであれば何でもＸ線繊維回折法の対象になる。よくある例が、衣類などに使われる合成高分子の繊維で、繊維回折法によってその中の分子の配列を調べることで、高機能の素材を開発する研究が日常的に行われている。そして、筋肉も、アクチン繊維、ミオシン繊維などを含んでいるから、当然繊維回折法の対象になる。

タンパク質結晶構造解析では、結晶の質がよければ、水素のような小さな原子まで一つ一つが見える（原子分解能があるという）。繊維回折の場合は、結晶ほど構造の規則性が高くないので、通常そこまでは見えない。しかし、繊維回折のメリットは、タンパク質の大量精製や結晶化という、大変な作業をする必要がないということで、そこに繊維があればそのままＸ線を当てればよい。場合によっては生きている動物の筋肉に直接Ｘ線を当てる

図7·5　DNA（デオキシリボ核酸）の二重らせん構造（CG）

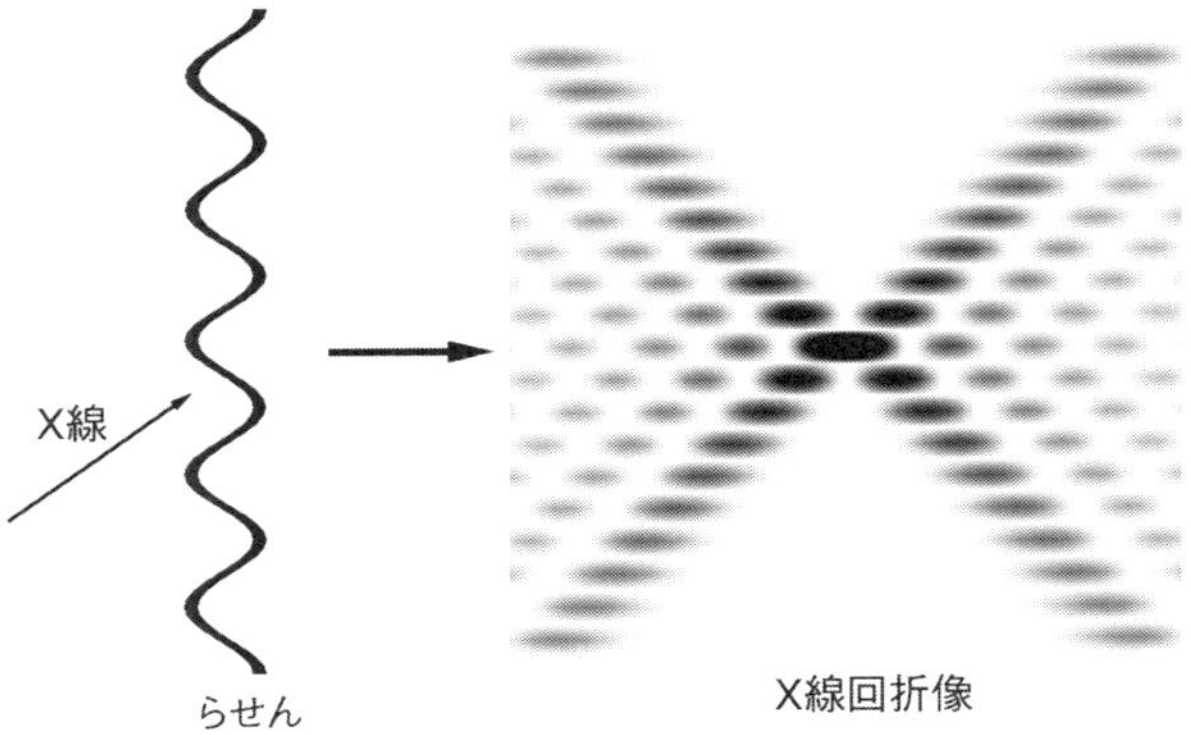

図7·6　らせんにX線を当てたときに生じるX線回折像
数学的には純粋なベッセル関数で、水平に並ぶ層状の反射の一つ一つを層線反射とよぶ。

ことすら可能なので、その場で働いている筋肉の内部でタンパク質分子がどのように動いているのかさえも知ることができる。これも、タンパク質結晶構造解析にはない大きなメリットである。

それでは、筋肉にX線を当てたら何が見えるのだろうか。まず、ミオシン繊維、アクチン繊維は両方ともらせん構造をもっているので、DNAと同じようならせん由来の反射が見える。らせんにX線を当てると、結晶のときのような斑点にはならず、横長の線状の反射がX字状に並んだものが記録される。この反射は層状に並んで見えるので、「層線反射」とよばれる（図7・6）。ミオシン繊維とアクチン繊維では、らせんの周期（どのくらいの長さで1回転ねじれるか）が違うので、ミオシン繊維由来の層線

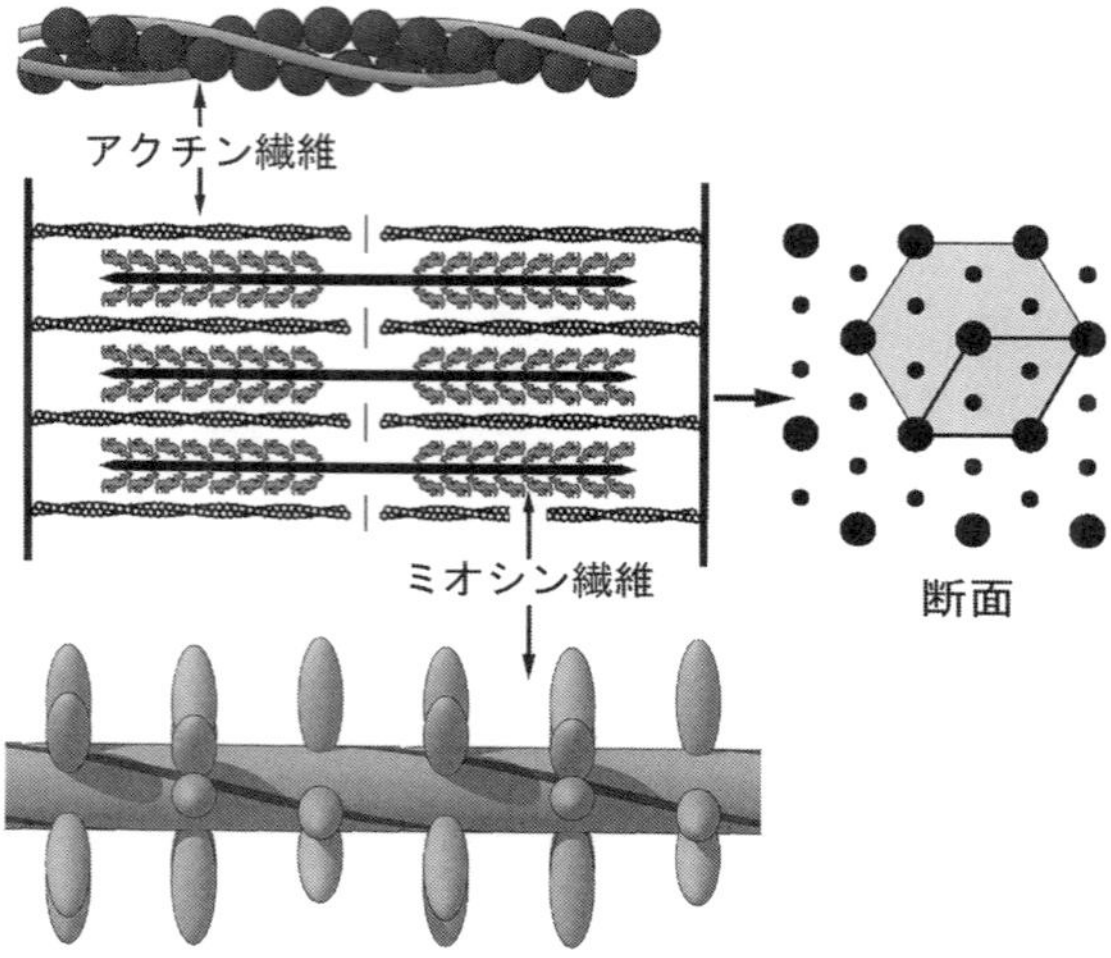

図7·7　脊椎動物骨格筋のサルコメアの断面（右）の六角格子の構造と、アクチン・ミオシン繊維のらせん構造（上下）

反射とアクチン繊維由来の層線反射は違う場所に現れる。

また、サルコメアの断面をみると、そこにはミオシン繊維とアクチン繊維の断面が、六角形の形に非常に規則正しく並んでいる（図7・7）。これは一種の結晶とみなすことができ（2次元結晶）、その配列は六角格子である。このように、筋肉の微細構造は、らせんと六角格子という二重の特徴をもっている。

図7・8はウサギの骨格筋から記録したX線回折像である。まず、この回折像の見方であるが、写真の上下方向が筋肉の繊維が走っている方向である。それで、地球儀になぞらえて、繊維の軸（地球の自転軸）と平行な軸を子午線とよび、それに直角な軸を赤道とよぶ。回折像を表示するときは、地図と同じように赤道が水平になるようにする。赤道上にはいくつかの斑点状の反射が見え、これがミオシン

繊維・アクチン繊維の六角格子に由来する結晶性の反射であり、これを「赤道反射」という。
赤道以外のところに見えている多数の線状の反射が、らせん由来の層線反射である。その他に子午線の上にたくさんの反射が見えるが、これらは「子午線反射」といって、らせん構造をとらずに繊維上に一定間隔で並んでいるだけの構造（トロポニンなど）の反射はここに現れる。

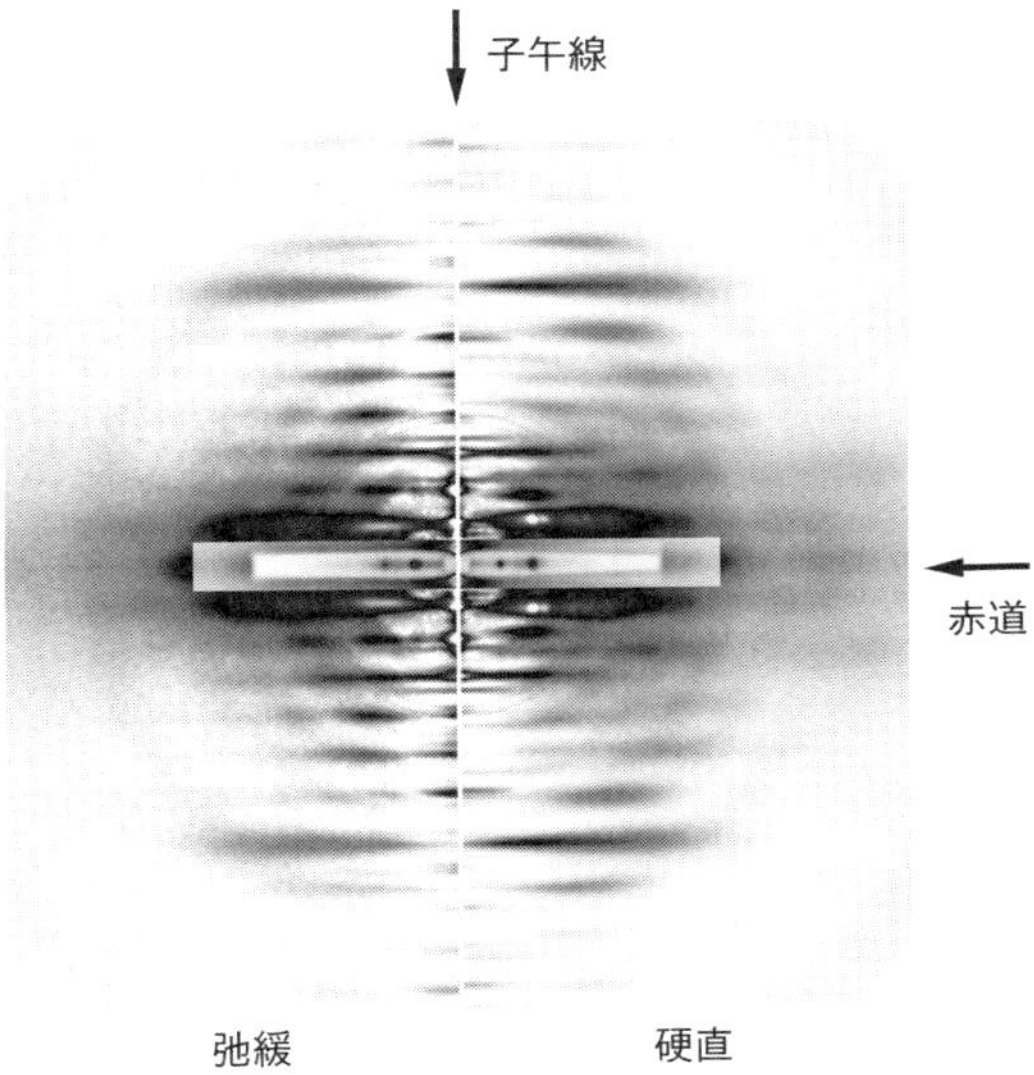

図7·8　ウサギ骨格筋のX線回折像
左半分が弛緩状態、右半分が硬直状態。筆者撮影。
文献[7-2]より。

さて、図7・8のウサギの骨格筋からのX線回折像であるが、実は左右で違う実験条件で記録している。左半分は弛緩した状態で記録したもので、たくさん見えている層線反射は大部分がミオシン由来である。つまり、弛緩状態では、ミオシンが非常に規則正しくらせん構造を保っていることがわかる。右は硬直状態で記録したものである。硬直とは、死んだ後で一時的に筋肉が非常に硬くなる現象をいう。死ぬと、細胞内でＡＴＰがつくられなくなるため、ＡＴＰが枯渇してしまう。ＡＴＰがないと、ミオシンはアクチンに非常に強く結合するため、筋肉が硬くなるのである。硬直状態で記録した回折像にもたくさんの層線反射が見えるけれども、測ってみると層線反射の現れる場所が弛緩状態とは違う。見えているのはすべてアクチンのらせん周期由来の層線反射で、ミオシン由来の層線反射は消えてしまっている。なぜそうなるかというと、ミオシンの頭部がアクチンに結合する際に、アクチンの周期に従って結合するからである。結果的に、弛緩しているときには見られなかったアクチン由来の層線反射も非常に強められることになる。

このように、Ｘ線回折像を調べると、筋肉の中のタンパク質分子がどのようにふるまっているかを知ることができるのである。なお、図には示していないが、収縮中にも回折像が変化する。この場合もミオシン層線反射が弱くなり、ミオシンのらせんが乱れることがわかるが、硬直状態のようにアクチン層線反射は強くならない。これは、収縮状態ではミオシンの頭部がダイナミックに動いているために、アクチンの周期に従って並ばないからだと考えられている。

まとめ：

Ｘ線繊維回折法は、繊維状の試料にＸ線を当てて、繊維の中の原子や分子の位置を調べる方法である。

この方法を用いて、生きている筋肉の中のミオシン繊維、アクチン繊維の構造を調べることができる。

4　昆虫の非同期型飛翔筋にX線を当てるとどうなるか

6章2節で、比較的原始的な昆虫にみられる同期型飛翔筋は、脊椎動物の骨格筋と似ているという話を書いた。そのとおりに、同期型飛翔筋にX線を当てて記録されるX線回折像は、基本的に図7・8のウサギ骨格筋の回折像によく似ている。

それでは、進化した昆虫の非同期型飛翔筋にX線を当てたらどうなるだろう。4章2節でも述べたように、アクチンは非常に保守的なタンパク質といわれ、動物が高度に進化しても種類による違いが非常に少なく、アクチン繊維の構造はどの動物でもほとんど同じである。ミオシン繊維のほうは動物、または筋肉によって構造にだいぶ違いがあるけれど、脊椎動物の骨格筋でも昆虫の飛翔筋でも、らせん構造をとっていることに違いはない（脊椎動物骨格筋のミオシン繊維は三重らせん、昆虫飛翔筋の場合は四重らせんという違いはあるけれど）。そのような理由から、非同期型飛翔筋のX線回折像も、基本的には脊椎動物骨格筋のものと変わらないと予想される。

ところが、実際に非同期型飛翔筋（次に示す例では飛翔筋研究に最もよく用いられるタガメ、図7・9）にX線を当ててみると、記録される回折像はだいぶ様子が違う（図7・10）。確かに、脊椎動物骨格筋の回折像と大体同じ位置に層線反射が現れていて、基本構造が同じなのはわかる。しかし、その層線反射が連続した線状になっているのではなく、独立した斑点が並んでいるように見えるのが非同期型飛翔筋のX線回折像の特徴である。筆者は多くの種類の昆虫の飛翔筋から回折像を記録したけれど、昆虫の種類が違っても非同期型飛翔筋からの回折像は多かれ少なかれ同じ特徴を示す。一方、同期型飛翔筋の場合は、一部の例外を除いて（後述）、層線反射が斑点状に分離することはない。

図7·9　昆虫飛翔筋の研究に、世界的に最もよく用いられているタガメ
日本では絶滅危惧種。飼育している知人より譲り受けたもので、筆者撮影。

層線反射が斑点状になるということは、先の食塩の結晶の話で書いたとおり、飛翔筋全体の構造が結晶のようになっているということである。つまり、飛翔筋のサルコメア中のタンパク質全体が、食塩の結晶の中の原子のように立体的に規則正しく並んでいることを示している。このような特徴を示す筋肉は、非同期型飛翔筋をおいて他にはない。

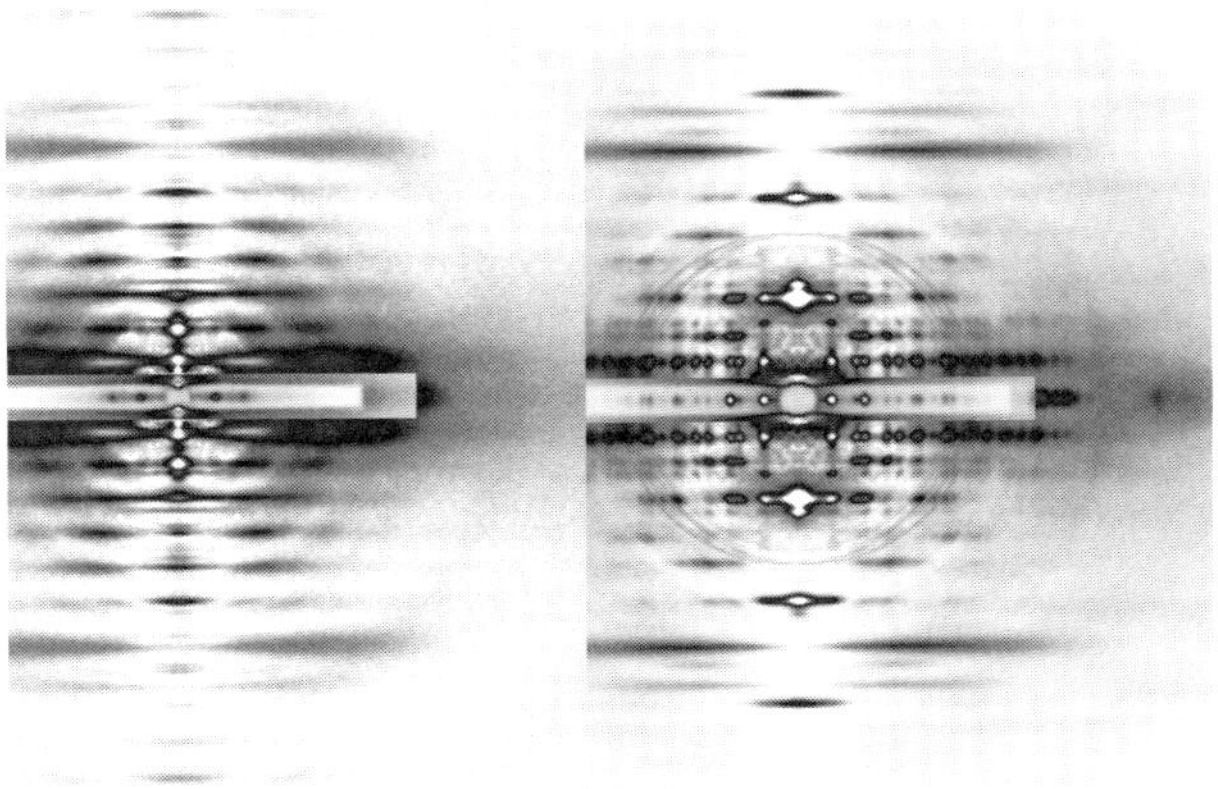

図7·10　脊椎動物骨格筋（ウサギ）のX線回折像（左）と、昆虫飛翔筋（タガメ）のX線回折像（右）の比較
左は図7·8の弛緩時の像と同じもの。筆者撮影。文献[7-2]より。

結晶性の反射が出るということは、ミオシンやアクチン、トロポニンなどのタンパク質の位置関係が厳密に規定されていることを意味する。さらに詳しく調べると、ミオシン繊維のらせん周期とアクチン繊維のらせん周期が、比較的小さな最小公倍数で一致するようになっている。トロポニンはアクチン繊維の上に、アクチン分子14個ごとに1対（ほぼ正反対の位置に1個ずつ、図3·5参照）結合しているが、非同期型飛翔筋のアクチンのらせんはアクチン分子14個分ごとに正確に半回転ねじれるため、トロポニンの向きは全部揃うことになる。脊椎動物骨格筋ではこのようなことはなく、トロポニンの向きはどんどんずれてゆく。
このように、あらゆる意味で構造が規則的なのが非同期型飛翔筋である。そして、アクチンとミオシンの位置関係を正確に保つのに、先に述べた弾性タンパク質、プロジェクチンの太い繊維が役に立っているのだろう。また、この構造の高い規則性が、非同期型飛翔筋の動作になくてはならない「伸張による活性化」(前述)を可能にしているという説がある。これについては後で説明する。

まとめ：
X線回折法で調べることによって、非同期型飛翔筋の中のタンパク質の並び方は、結晶のように規則的であることがわかった。これほど規則的な構造をもつ筋肉は他にない。

5 1本の筋原繊維だけにX線を当てるとどうなるか

筆者がX線を使って実験している施設は大型放射光実験施設「スプリングエイト」(SPring-8)である(108ページのコラム2を参照)。この実験施設は、他の装置ではつくり出せない、非常に強いX線をつくることができる。この強いX線を使えば、X線の直径を数マイクロメートルまで絞っても十分に明るく、非常に小さい試料、または大きな試料の非常に狭い領域からX線回折像を記録することができる。このように、直径数マイクロメートルまで絞ったX線のことをX線マイクロビームという。これは、髪の毛よりずっと細いので、髪の毛の表面だけから回折像を記録することもできる。

図7·11　飛翔筋研究に筆者が主に用いているマルハナバチ
スプリングエイト付近にて筆者撮影。

筆者がスプリングエイトに赴任して、まだあまり年数の経っていない頃、当時まだ誰もやっていない実験をやってみたいと考えた。そこでチャレンジしたのが、このX線マイクロビームを使って、ただ1本の筋原繊維からX線回折像を記録するということだった。そこで実験材料としてマルハナバチ（図7·11）の飛翔筋（非同期型）を選んだのが、昆虫の筋肉を使って実験を始めるきっかけだった。マルハナバチを材料に選んだのは、昆虫の飛翔筋は構造の規則性が高いことを知っていて、もしうまくいけば綺麗な回折像が記録できるだろうと予想したからだった。それ以降、マルハナバチは昆虫の中でも筆者が最もよく使う実験材料になった。

1本の筋原繊維にX線マイクロビームを当てる方法としては、筋細胞をばらばらにほぐして1本の筋原繊維を取り出すのではなく、筋細胞の中に無数にある筋原繊維のただ1本だけにX線を当てるというやり方を採用した。このため、通常のX線繊維回折の実験のようにX線を繊維の長軸に対して直角に当てるのではなく、X線を筋細胞の端から繊維の長軸に平行に当てるようにした（図7・12）。これは、少なくとも筋肉ではだれもやっていない当て方で、エンドオン回折法と名づけた。

このときのX線マイクロビームの直径は2マイクロメートルで、マルハナバチ飛翔筋の筋原繊維の直径は3マイクロメートル程度だから、X線の軸と筋細胞の長軸を完全に平行にすれば、筋細胞をほぐさずにその場でただ1本の筋原繊維にX線を当てられるはずである。

もし、この実験が成功したら、いったいどんな回折像が記録できるのだろうか？　前にも書いたように、サルコメアの断面を見ると、ミオシン繊維とアクチン繊維が六角形の形に並んだ六角格子をつくっている。六角格子にX線を当てて生じる回折像がどうなるかは、六角格子にフーリエ変換という数学の演算をしてやればいい。結論をいうと、六角格子のフーリエ変換はやはり六角格子なので、六角形の形に並んだ斑点状の反射が見えるはずである（これは、実は前に説明した、筋肉の通常のX線回折像の中の赤道反射と同等である）。しかし、サルコメアの中の六角格

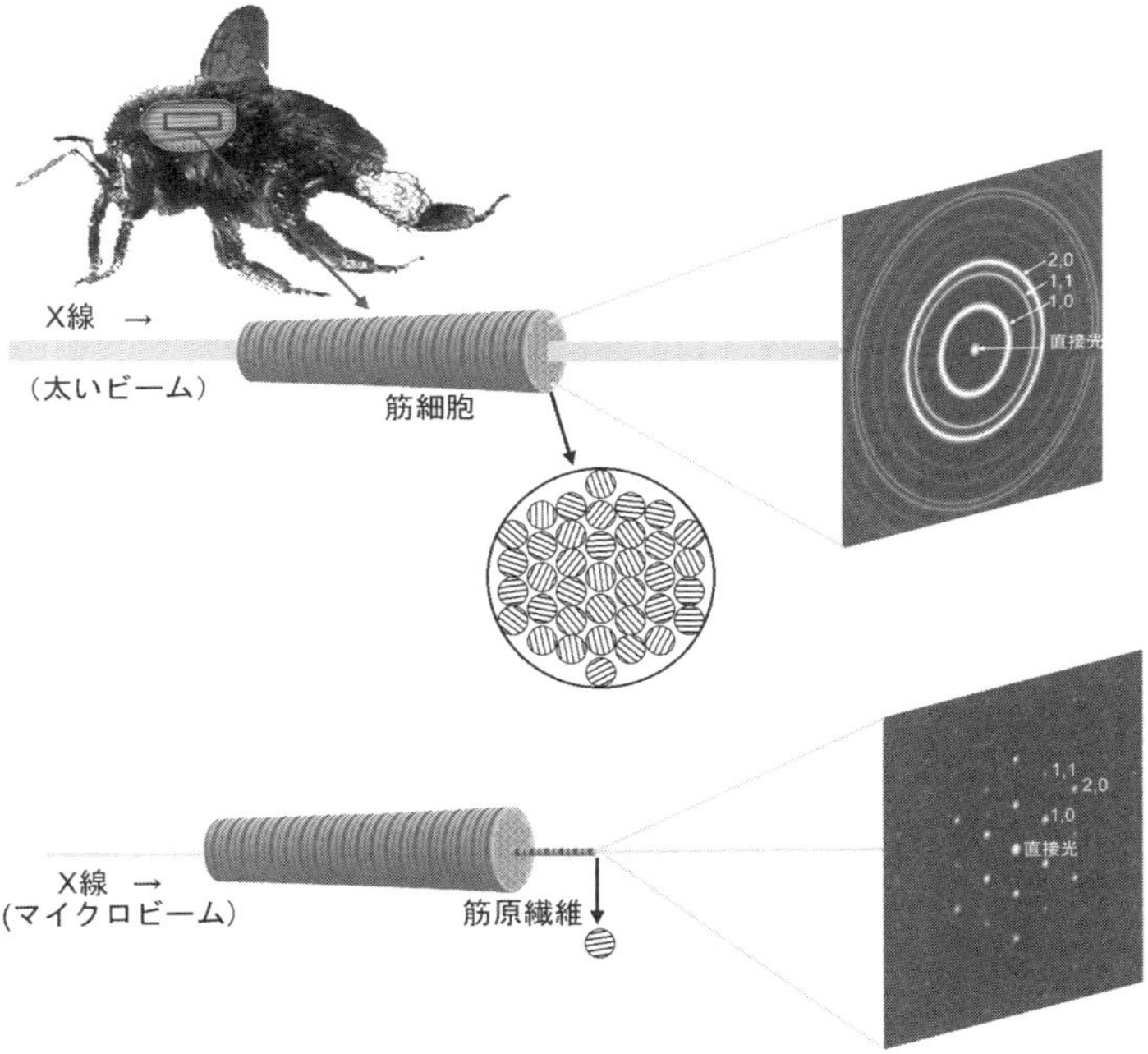

図7·12　筋細胞の中にある、ただ1本の筋原繊維にX線を当てる方法

通常の太いX線ビームを当てると、たくさんの筋原繊維に当たってしまい、回折像が回転平均されて同心円状になってしまう（上)。しかし非常に細いX線マイクロビームを筋原繊維に完全に平行に当てると、筋原繊維1本だけに当てることができる（下)。

子の向きは筋原繊維によってばらばらなので、太いX線を使ったり、マイクロビームでも斜めに当たってしまったりして、たくさんの筋原繊維に同時にX線が当たってしまうと、回折像が回転平均化されて同心円状になってしまう。

しかし、理屈ではそうであるが、筋細胞の長さは3ミリもあり、これを完全にまっすぐに固定し、直径2マイクロメートルのX線をその長軸に完全に平行に当てることは至難の業である。さらに、サルコメアの長さは3マイクロメートルくらいであり、3ミリの筋原繊維の中には1000個のサルコメアが直列に並んでいる。もし六角形に並んだ反射の斑点が見えたなら本当に1本の筋原繊維にX線を当てることができたと言えるが、この1000個のサルコメアの中の六角格子の向きが完全に揃っていなければ、たとえ本当に1本の筋原繊維だけにX線を当てることに成功していても同心円状の回折像になってしまって、成功したかどうかはわからないのである。

結果は案ずるより産むが易しで、意外にあっさりと六角形に並んだ反射の斑点が記録できてしまった[7-3]（図7・13）。これは世界で初めて、ただ1本の筋原繊維からX線回折像を記録することに成功したことを意味しているのだが、これは同時に、「1本の筋原繊維の中の六角格子の向きは全長にわたって完全に揃っている」という驚くべき発見でもあった（図7・14）。この「完全に」という言葉は、いくら強調してもしすぎることはない。隣り合ったサルコメアで、もし六角格子の向きが0・02度でもずれていたら、回折像は同心円状に平均化されてしまう計算である。

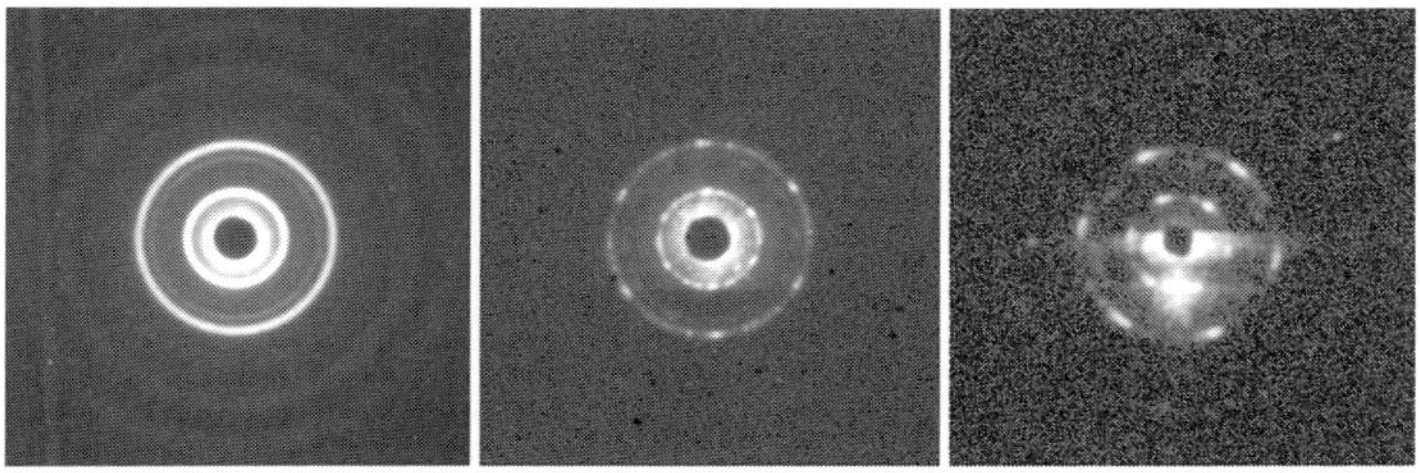

図7·13　マルハナバチ飛翔筋の1本の筋原繊維から実際に記録された回折像
直径50マイクロメートルの太いX線ビームを当てると、多数の筋原繊維に当たって回折像が同心円状になる（左)。しかし2マイクロメートルのマイクロビームを当てたところ、回転平均されない六角格子由来の反射が記録され、1本の筋原繊維からの回折像であることがわかる（中、右)。文献[7-3]より。

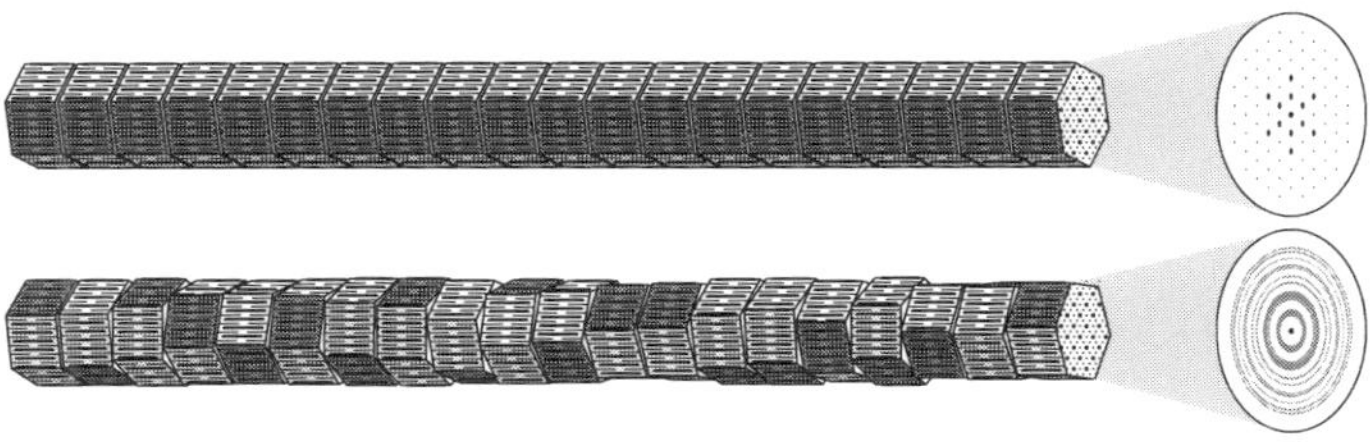

図7·14　判明したマルハナバチ飛翔筋の筋原繊維の構造
六角格子の向きはすべてのサルコメアで完全に揃った巨大単結晶の構造なのであって（上)、サルコメアによってばらばら（下）なわけではない。文献[6-11]より。

もしサルコメアがA４の本の大きさ（縦が約30センチ）であったら、本を縦に１０００冊並べると３００メートルになる。その３００メートル先に行っても、格子の向きはまったく変わっていない、と言ったらイメージが沸くであろうか。

格子の向きが端から端まで揃っているものを単結晶という。サイコロのような立方体の形をした食塩の結晶（図７・３）は、単結晶である。このような無機物の場合は、自然の中で非常に長い年月を経て成長した、背丈ほどもある単結晶も存在するが、タンパク質の結晶は通常１ミリ以下のものしかできない。しかし、上の結果は、昆虫の飛翔筋の筋原繊維は、それ全体がタンパク質でできた、長さ3ミリもある巨大な単結晶だということを意味している。しかも動く単結晶である。

このときに用いたマルハナバチ飛翔筋の筋細胞は、長さが３ミリだった。しかし恐らく、他のもっと大きなハチの種類でも、サルコメアの六角格子の向きは端から端まで揃っているのだろう。世界で最大のハチは、北米南部から中米・南米北部に生息するベッコウバチの仲間だといわれる。ベッコウバチは、クモを狩って麻痺させて巣穴に運び、幼虫の餌にするハチで、羽がべっこう色をしているのでその名がある。その最大のベッコウバチは、これまた世界最大のクモであるタランチュラを狩るのだという（タランチュラは日本ではトリトリグモとよばれることがあり、鳥を捕まえて食べるくらい大きいという意味だが、そのもふもふの姿は結構ペットとして人気がある）。そんな世界最大のベッコウバチの飛翔筋に、スプリングエイトのX線を当てて調べてみたいものである。

その後、この「巨大単結晶型」の筋原繊維が、ハチだけにあるのか、他の昆虫にも見られるのかを調べるため、筆者は羽のある昆虫50種類から飛翔筋を取り出して、同じ方法で筋原繊維の回折像を記録してみた[6-11]。その結果、非同期型飛翔筋をもつ昆虫なら筋原繊維は例外なく巨大単結晶型であることがわかった。同期型飛翔筋をもつ昆虫の筋原繊維は巨大単結晶型ではなかったが、種類によっては多少格子の向きが揃っているものがあった。また脊椎動物の骨格筋と心筋についても同じ方法で調べてみたが、やはり巨大単結晶型ではなかった。巨大単結晶型の筋原繊維は、非同期型飛翔筋以外には見られない著しい特徴ということになる。

非同期型飛翔筋をもつ（調べた限り）すべての昆虫で、筋原繊維が巨大単結晶型であるということは、機能上そうでなくてはならない理由があるためと推測される。その理由はわかっていないが、一つの可能性は、1本の筋原繊維の中で格子が不連続のところがあると、そこが力学的に弱くなって力を出したときに切れてしまうことである。脊椎動物の骨格筋では、筋原繊維どうしが横にくっついているので、1本の筋原繊維に弱い箇所があっても、まわりが支えるので切れずに済むだろう。しかし、非同期型飛翔筋の場合は1本1本の筋原繊維が独立してばらばらにあるので、弱いところがあれば切れてしまうだろう。そこで、そういうことが起こらないように筋原繊維が全長にわたってなるべく均一な構造になっている、というのが考えられる説明の一つである。

まとめ：

非常に細いX線（X線マイクロビーム）をマルハナバチ飛翔筋のなかの1本の筋原繊維に当てた。その結果、マルハナバチ飛翔筋の筋原繊維は、端から端まで格子の向きが完全に揃った「巨大単結晶型」であることがわかった。多くの種類の昆虫について調べたところ、非同期型飛翔筋はすべてこの特徴をもつことがわかった。

コラム2　スプリングエイト

スプリングエイト（図7・15）は、兵庫県にある共同利用の実験施設で、強力なX線を発生することができる。この強力なX線は、さまざまな実験に利用することができ、このX線を使うために、日本だけでなく海外からも研究者が集まってくる。

スプリングエイトは大型放射光実験施設といい、その本体はシンクロトロンである。シンクロトロンとは、光に近い速さまで加速した電子などの荷電粒子を円形の軌道にのせてぐるぐる回す装置である。何もしなければまっすぐ飛んでいってしまう電子を、磁場の力で曲げて円形の軌道にするのであるが、軌道を曲げるときに、接線方向に強烈な光が出る。これを「放射光」という。放射光には、赤外線から可視光、紫外線からX線までのあらゆる波長の光が含まれているが、可視光や紫外線ではもっと強力な光源があるため、放射光は利用価値がない。しかしX線の領域では、人類が作り出した最も強力な光源である。その明るさは太陽の光の100億倍で、大学の実験室などにある最も強力な（医療用のものよりずっと強力な）X線発生装置と比べても、その明るさは100億倍もある。

スプリングエイトのシンクロトロンは直径が500メートルもあり、そこに約60本のビームライン（X線の取り出し口、実験ステーション）があって、同時に60種類の違った実験を行うことが可能である。スプリングエイトは1997年から稼動している。現在では、より小型の放射光実験施設は世界中に多数建設されているけれども、スプリングエイトは世界最大の放射光施設の一つであり、最先端の研究が行われていることに変わりはない。

図7·15　大型放射光実験施設、スプリングエイトの航空写真（写真提供：RIKEN）

8章　羽ばたき中の飛翔筋内の分子の動きを探る

1　X線回折法に関係する技術の進歩

スプリングエイトの強烈なX線のもう一つの利用方法は、物体の速い変化をX線で捉えることである。先に書いたように、通常のX線繊維回折の実験でX線を筋肉に当てて回折像を記録すれば、ミオシンがアクチンに結合しているのか、離れているのかなど、さまざまな情報を得ることができる。しかし、昆虫が1秒に100回以上羽ばたいているときに、中のタンパク質の動きをX線回折で調べることなどできるのだろうか?

放射光の強いX線を使えるようになったのは1980年ごろで、それ以前は研究室用のX線発生装置しかなかった。これが発生するX線はコラム2に書いたように、現在の放射光X線の100億分の1の明るさしかない。しかも当時は現在のような感度の高い検出器もなく、回折像は感度の悪いX線用の写真フィルムに焼いて、現像していたのである。

そのようなわけで、図7・8のようなウサギ骨格筋からの回折像と同等のものを記録しようとしたら、一昼夜の露光が必要だった。弛緩状態や硬直状態の筋肉だったら、同じ状態で長時間置くことができるからまだよいが、収縮状態の回折像を記録しようと思ったらそれは大変な作業だった。

このような実験でよく用いられたのがカエルの縫工筋《ほうこうきん》という足にある筋肉で、中の筋細胞の向きが揃っていて良質の回折像を記録できる他、筋肉を取り出した状態で生理食塩水中で長く生かしておくことができる。これに電気刺激を加えることで収縮させるわけだが、1回の収縮の持続時間はせいぜい数秒だから、写真フィルムが十分に露光するまで刺激を延々と繰り返さないといけない。収縮を繰り返せば筋肉は当然疲労してきて、力が出なくなってくる。1960年代に書かれた論文[8-1]では、筋肉を1秒間刺激してX線フィルムに露光させた後、1～2分間休ませて回復を待つ、という操作を延々と繰り返したという。状態のよい筋肉であれば40時間もこれを繰り返すことができたが、他の筋肉ではそれほどもたなかったという。こうやってデータをとることは容易なことではなかったと、著者は述べている。このようにして得たデータを元に書かれた論文には非常に子細な情報が記載されていて、X線回折法を使って筋肉を調べている研究者のバイブルのような存在になっている。

そのようにして苦労した状況は、放射光実験施設と、新しい高感度の検出器によって一変したことは想像に難くないだろう。大型放射光実験施設スプリングエイトで発生できるX線は、彼らが使ったX線発生器のものに比べて100億倍も明るいという話を書いたが、スプリングエイトが完成した数年後には、すでに稼動していたビームライン（実験ステーション）よりもさらに1000倍も明るいX線を発生できるように工夫された特殊なビームラインが完成した。このビームラインを使って、同じカエルの縫工筋から回折像の記録を試みたところ、いま説明した論文のものと同等の回折像がわずか1.4ミリ秒の露光で記録できてしまった（1ミリ秒は1秒の千分の一）。

このときに使われた検出器はイメージングプレートといって、形はX線フィルムに似た板状だが感度と直線性（当たったX線の線量とデータ出力が正しく比例するかどうかを示す基準）がよく、X線フィルムに必要だった現像・停止・定着といった化学処理が不要になり、データ出力はデジタルになった。現在ではさらに使い勝手のよい半導体型検出器を使うのが主流になっている。このような感度の高い検出器は医療現場でも使われて、患者のX線被曝の低減に役立っている。

また、現在では家庭用ビデオカメラなどにも広く使われている半導体のCCDまたはCMOSセンサーを使えば、X線の動画撮影をすることもできる。X線を直接検出するタイプもあるが、蛍光体などでX線画像を可視光の画像に変換すれば、可視光用として広く出回っているビデオカメラが利用できる。その中には、毎秒数千コマ、数万コマの画像を取得できる超高速ビデオカメラもある。それらを使えば、毎秒数千コマ、数万コマのX線動画も記録できる。もちろん1コマあたりの露光時間は大変短くなるので、元のX線画像が十分に明るいことが必要である。スプリングエイトの非常に明るいX線を使えば、そんな実験も可能になる。

これらの最新の設備を使って筆者が行った、羽ばたき中のハチの飛翔筋からの高速X線回折像撮影の話を書いて飛翔筋の話の締めくくりとするが、その前に、非同期型飛翔筋にとって最も大切な「伸張による活性化」のしくみについて、従来どんな説があったかということを次節で簡単に説明しておく。

まとめ：
大型放射光実験施設スプリングエイトは、従来の実験室用X線発生装置に比べて100億倍も明るい（強い）X線を発生することができる。これに感度の高い新しい検出器を組み合わせて使えば、従来露光に一昼夜かかった筋肉の回折像がわずか1ミリ秒程度で記録できる。

2 「伸張による活性化」のしくみに関する従来の説

前にも説明したように（6章2節参照）、「伸張による活性化」、つまり筋肉を1〜2パーセントくらい引っ張ると、遅れて大きな力を発生する性質は、非同期型飛翔筋が100ヘルツ以上の高速羽ばたきを実現するのになくてはならない機能で、これがどのようなしくみで起こるのかというのが飛翔筋研究の最大のテーマだと言っていい。このテーマには多くの研究者が取り組んできたが、これまでに提唱された代表的な説を二つばかり紹介したい。

①マッチ・ミスマッチ仮説

これは、非同期型飛翔筋のタンパク質の並び方が非常に規則的なことから考えられた説である。非同期型飛翔筋のなかで最もよく研究されたタガメの場合、ミオシン繊維、アクチン繊維上のタンパク質の周期や対称性は正確に調べられており、サルコメアの中でのそれぞれのタンパク質分子の位置や向きを正確に予測できる。それによると、サルコメアがある特定の長さのとき、アクチンに結合して力を出せる位置にあるミオシン分子はほとんどない。これは、アクチンとミオシンが近くにあっても、それぞれ周期の違うらせんの上にあるので、正しい向きにあるとは限らないからである。お互いにそっぽを向いていたのでは、いくら近くにあっても結合できない。要するに、アクチンとミオシンの位置がマッチしていないわけである。

ところが、サルコメアをわずかに引っ張ってやると、アクチンとミオシンの位置関係が変わって、多くのミオシン分子が正しい向きでアクチンに結合できる位置に来るのだという。これが「伸張による活性化」に関するマッチ・ミスマッチ仮説で、ドイツ・ハイデルベルクのマックス・プランク研究所の構造生物学者レイによって1979年に提唱された古い説である[8-2]。完全にアクチンとミオシンの位置関係だけで説明できるという考え方である（図8・1）。

しかしこの説は反論もある。1本のミオシン繊維だけを考えたら確かにそうだけれど、隣のミオシン繊維は必ずしも同じ長さで最適とは限らず、まわりのミオシン繊維も含めて考えたらミオ

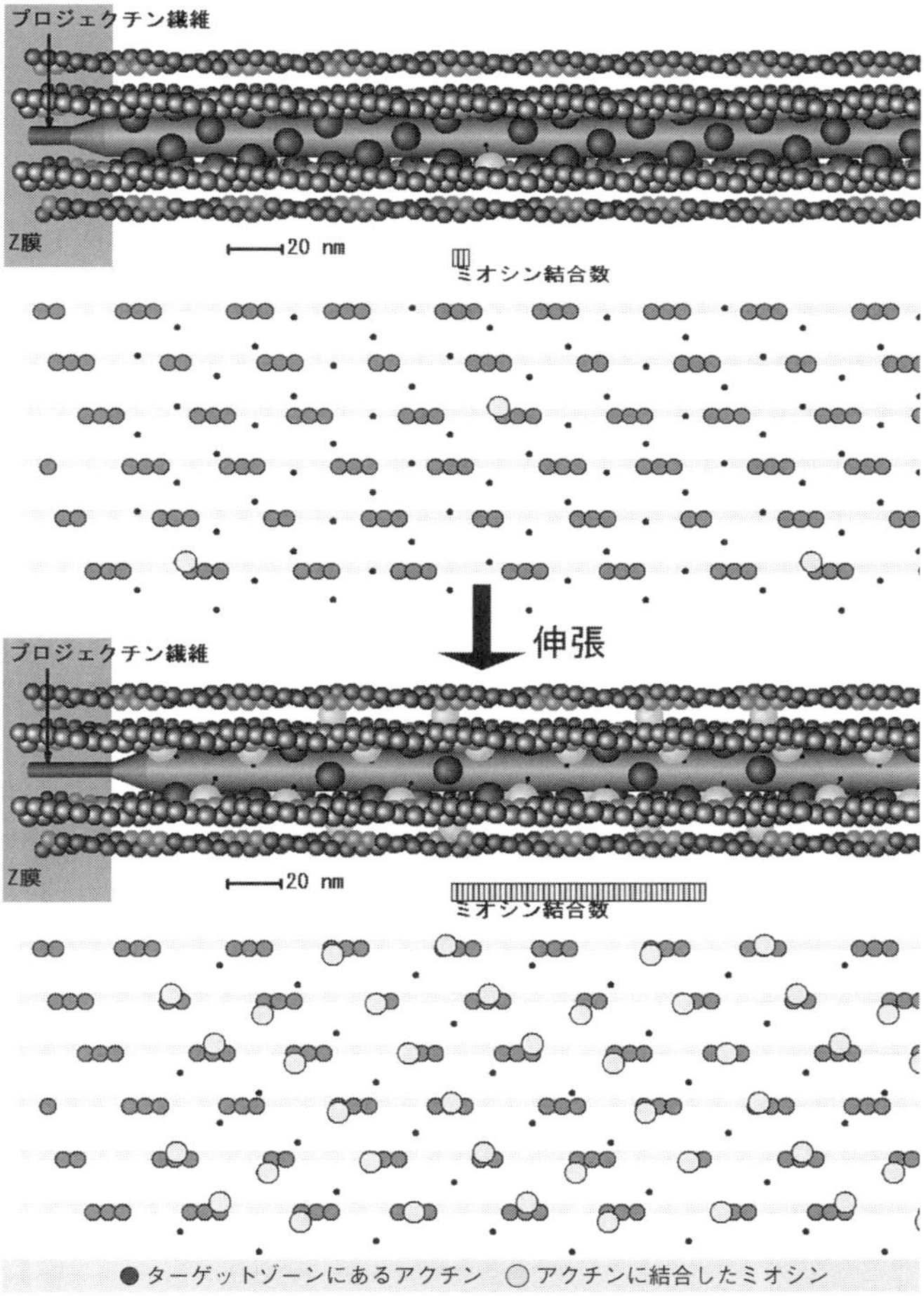

図8·1　伸張による活性化のマッチ・ミスマッチ仮説
昆虫飛翔筋では、1本のミオシン繊維は6本のアクチン繊維にとり囲まれている。それをミオシン繊維から眺めたときの、ミオシン頭部とアクチン分子の位置関係を示す。アクチン繊維上で、アクチン分子がミオシンと結合するのに正しい向きにある領域をターゲットゾーンという(小さい丸の3つ組)。ある長さではターゲットゾーンに一致する位置にあるミオシン頭部はほとんどないが（上)、少し引っ張ると多くのミオシン頭部の位置がターゲットゾーンに一致するようになる（下)。大きい丸はターゲットゾーンに一致するミオシン頭部。

シンがアクチンに結合する確率は平均化されてしまう、というものである[8-3]。また、上の説が正しければ、最適な長さを超えてさらにサルコメアを伸ばすと、また結合しにくい位置関係になってしまうので力が落ちるはずだが、そのようなことは観察されていない。

②トロポニン仮説

こちらはもっと新しく、２００４年頃に提唱された説である[8-4]。その頃に急速に進展した分子遺伝学の知識を取り入れたものである。

トロポニンといえば、カルシウムの濃度によって筋肉を収縮させたり、弛緩させたりする調節タンパク質だということは26ページに書いた。しかし一口にトロポニンといっても、脊椎動物と昆虫ではかなり異なるし、また同じ生き物の中でも、体の部分によって性質が違うものである。このことはトロポニンに限らず、非常に多くのタンパク質についてあてはまる。性質が違うのは、そのタンパク質をつくっているアミノ酸の並び方（配列）に違いがあるからで、その違いは結構大きい場合がある。同じ生き物の中で、名前としては同じなのだけれど性質（アミノ酸配列）の違う複数のタンパク質が存在するとき、その一つ一つをアイソフォームとよぶ。通常は体の組織によって、そこに存在するアイソフォームは決まっている。ある組織だけにしか存在しないアイソフォームがあるとき、それは組織特異的アイソフォームという（組織のところには、具体的

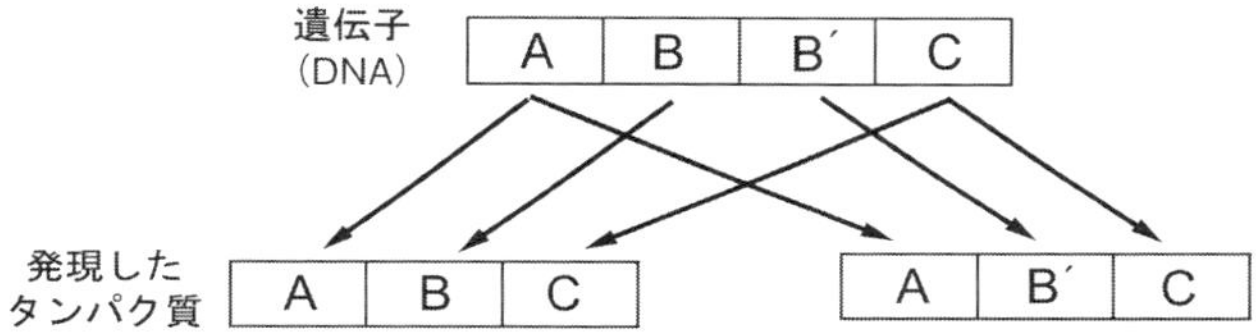

図8·2　選択的スプライシングにより一つの遺伝子から異なるアイソフォームを発現するしくみ
実際の遺伝子には、タンパク質のアミノ酸配列の情報をもった領域（図のA、B、B′、Cで、エクソンという）の間に情報をもっていない領域（イントロンという）があるが、図では省略している。

な組織の名前が入る。例えば飛翔筋にしか存在しないアイソフォームは飛翔筋特異的アイソフォームという）。

一つのタンパク質に対し、複数のアイソフォームができるしくみは2通りある。一つはそれぞれのアイソフォームに別々の遺伝子が用意されている場合で、もう一つは一つの遺伝子から継ぎはぎ（スプライシング）の仕方を変えることで違うタンパク質ができてくる場合である。たとえば、一つの遺伝子のもっている情報がA-B-B′-Cで、これからA-B-Cというアイソフォームと、A-B′-Cというアイソフォームができてくる。このようなやり方を「選択的スプライシング」という（図8・2）。

「スプライシング」はもともと映画用語で、映画のフィルムを切り貼りする作業を表す言葉である。遺伝学的研究が最もよく進んだショウジョウバエ（実験動物として広く使われている）では、幼虫と成虫、また筋肉の種類によって多数のミオシンのアイソフォームが存在するが、これらはすべて単一のミオシンの遺伝子から選択的スプライシングによってできてくることがわかっている[8-5]。体の中のどの細胞でも遺伝情報（DNA）は同じで、どの細胞でもすべてのタンパク質のすべてのアイソフォームに関する遺伝情報をもっている。しかしその情報のすべてを使ってタンパク質がつくられるわけではなく、細胞の種類によってある限定された種類のタンパク質だけがつくられる。そのように、ある組織（細胞）で、ある特定の遺伝子だけが使われて、特定のタンパク質がつくられるとき、そのタンパク質はその組織（細胞）で発現している、と表現するのが研究者間では普通である。

さて、飛翔筋のトロポニンに話を戻す。非同期型飛翔筋には多くのタンパク質で飛翔筋特異的なアイソフォームが発現している。トロポニンも例外ではない。昆虫のトロポニンに三つのサブユニット（トロポニンC、トロポニンI、トロポニンT）があることは脊椎動物の骨格筋と同じで、トロポニンCがカルシウムを結合するセンサーの役割をしている。

ドイツ・ハイデルベルクにあるＥＭＢＯの研究所ＥＭＢＬの生化学者ブラードの研究グループは、タガメの非同期型飛翔筋ではF1、F2とよばれる2種類の飛翔筋特異的トロポニンCアイソフォームが発現していることを発見した[8-4]。F1は全体の4分の3を占めているが、これが普通のトロポニンとまったく変わっていて、カルシウムを結合する能力を失ってしまっているというのである（図8・3）。一方、F2はカルシウムを結合する、普通のトロポニンCである。

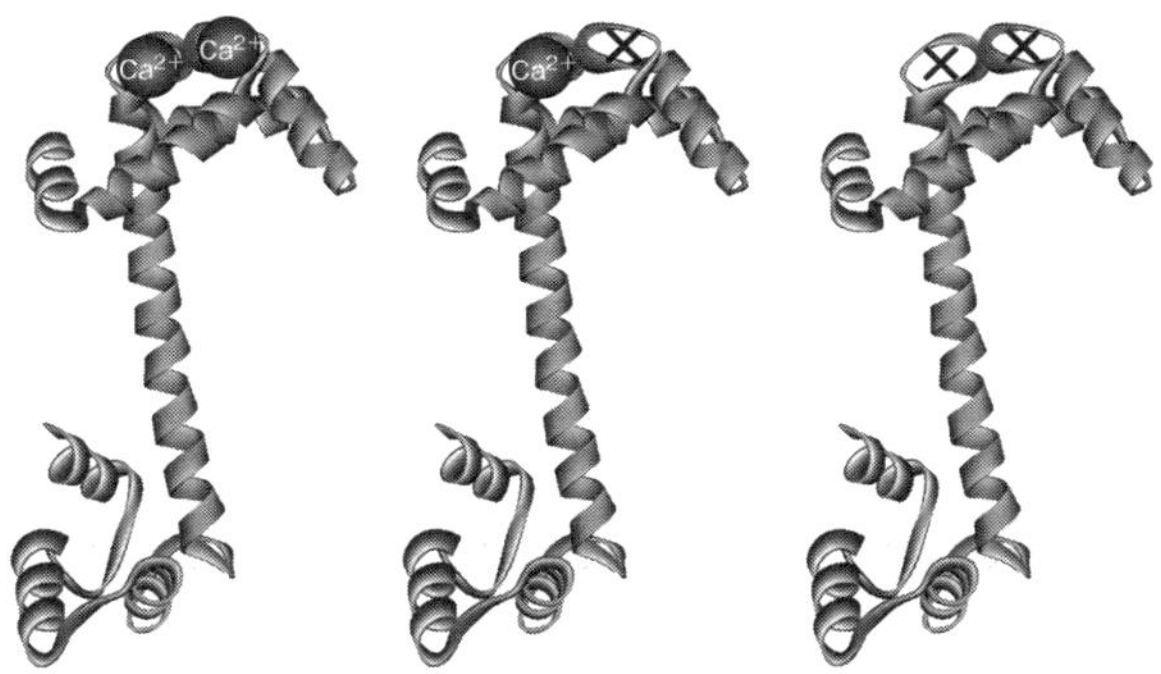

図8·3　トロポニンCの各アイソフォーム
分子の上端（正確にはN末端という）に二つのカルシウム結合部位（Ca^{2+}）があるが、脊椎動物心筋のアイソフォームではそのうちの一つが、昆虫飛翔筋のF1アイソフォームでは二つとも、カルシウム結合能を失っている（×印）。構造はPDBより。

そして、実験的にタガメ飛翔筋のトロポニンCを全部F1に置き換えてみたら盛大に「伸張による活性化」が起こるようになったが、全部をF2に置き換えたら、カルシウムを加えると力を出す、普通の筋肉のような振る舞いをしたというのである。このことから、ブラードらは、タガメ飛翔筋のトロポニンはカルシウムの代わりに伸張のシグナルを検知して筋肉を活性化するのだ、という説を提唱した。しかし、本当にトロポニンが、伸張のような力学シグナルを検知できるのだろうか。

トロポニンはアクチン繊維の上にある。アクチン繊維はミオシン繊維と違い、弾性タンパク質を介して筋細胞の端から端まで連続していないため、引っ張られたという情報はミオシン繊維側から伝えてもらわなければいけ

通常のトロポニンI

MADDERKRLEDEKKRKQAETDRKRAEVRARLEEASKAKKAKKGFMTPDRKKKLRLLLRKK
AAEELKKEQERKAAERRRIIEERCGKPKNVDDASEESLKRVLREYHNRITALEDQKFDLEYVV
KKKDYEIADLNSQVNDLRGKFMKPTLKKVSKYENKFAKLQKKAAEFNFRNQLKQVKKKEFT
LEEEDKEKKPDWSKKGEEKKVKEEEVEA

飛翔筋のトロポニンI

MADDERKRLEDEKKRKQAETDRKRAEVRARLEEASKAKKAKKGFMTPDRKKKLRLLLRKK
AAEELKKEQERKAAERRRIIEERCGKPKNVDDASEAELQTICSAYWNRVYALEGDKFDLERQ
IRLKEFEIADLNSQVNDLRGKFMKPTLKKVSKYENKFAKLQKKAAEFNFRNQLKQVKKKEFT
LEEEDKEKKPDWSKKGEEKKEEPAPPPEPPQPTPSPTPAPEAAPTPSPEPPTPSPTPSPVPP
AEPAPPSEPAPPAEGAAPPPPPAGAPAEGAAPPAEGAPPAAPAEGAAPPAEGAPAAPPAE
GAPPAESAPPAEGAPPPEGAPPPAEGAPPAEGAPPAEGAPPAEGAPAPPPTEAAPPAEGA
PAPAPPAEGTPAPPPAEGAPPPAEGAPPAAPAEAAPAAPPAEAAPAPPPAEGNPLLAPFLT
DYD

図8·4　ミツバチのトロポニンIのアミノ酸配列（1文字表記）
上は、幼虫や成虫の体壁筋で発現している通常の大きさのトロポニンI。下は飛翔筋のアイソフォームで、灰色の部分が飛翔筋特有の長い延長部。プロリン（P）とアラニン（A）が非常に多いのが特徴。四角で囲ったPPTPの配列は、タンパク質分解酵素のイガーゼで切断される部位（本文参照）。データはGenBank: BK005282.1より。

ない。トロポニンCは小さなタンパク質なので、トロポニンとミオシン繊維の橋渡しはできそうにない。一方、トロポニンのもう一つのサブユニットであるトロポニンIも飛翔筋特異的なものが発現しているが、これがまた他の動物には見られない非常に変わった特徴をもっている。つまり、脊椎動物と共通のトロポニンIの部分の終わりのところに、非常に長いアミノ酸の鎖がおまけのように付いている[5-3]（図8・4）。この部分は、アミノ酸の組成としてはプロリンとアラニンが非常に多いという特徴があり、これは調べられたすべての昆虫（同期型、非同期型にかかわらず）で共通している。

このアミノ酸の鎖はとても長いので、十分にトロポニンとミオシン繊維との間を橋渡しすることができそうである。そこで、ブラードらは、このアミノ酸の鎖が伸張のシグナルをトロポニンに伝えているのだと主張した[8-6]。

しかし、この説にも問題があった。まず、このアミノ酸の鎖は、「伸張による活性化」を示さない同期型飛翔筋をもつ昆虫にも広く見られること、また遺伝子操作の方法が確立しているショウジョウバエでこのアミノ酸の鎖部分の発現を抑えても、ショウジョウバエが飛ぶのに問題がないことが報告されている[8-7]。さらに筆者がイガーゼという特殊なタンパク質分解酵素を使って、他のタンパク質を傷つけずに、このアミノ酸の鎖だけを切り落としたが、「伸張による活性化」はまったく影響を受けなかった[8-8]。以上から、このアミノ酸の鎖が伸張のシグナルをトロポニンに伝えているのではないことが明らかになった。このアミノ酸の鎖の正確な役割は不明だが、他のタンパク質が結合する足場となる[8-9]、またはアクチン・ミオシン繊維の格子の構造を正しく保つ[8-10]、などの機能が報告されている。

3　生きて、羽ばたいているハチの飛翔筋からX線回折像を撮る

それでは、羽ばたいている昆虫の飛翔筋の中で、いったい何が起きているのか？　7章3節で

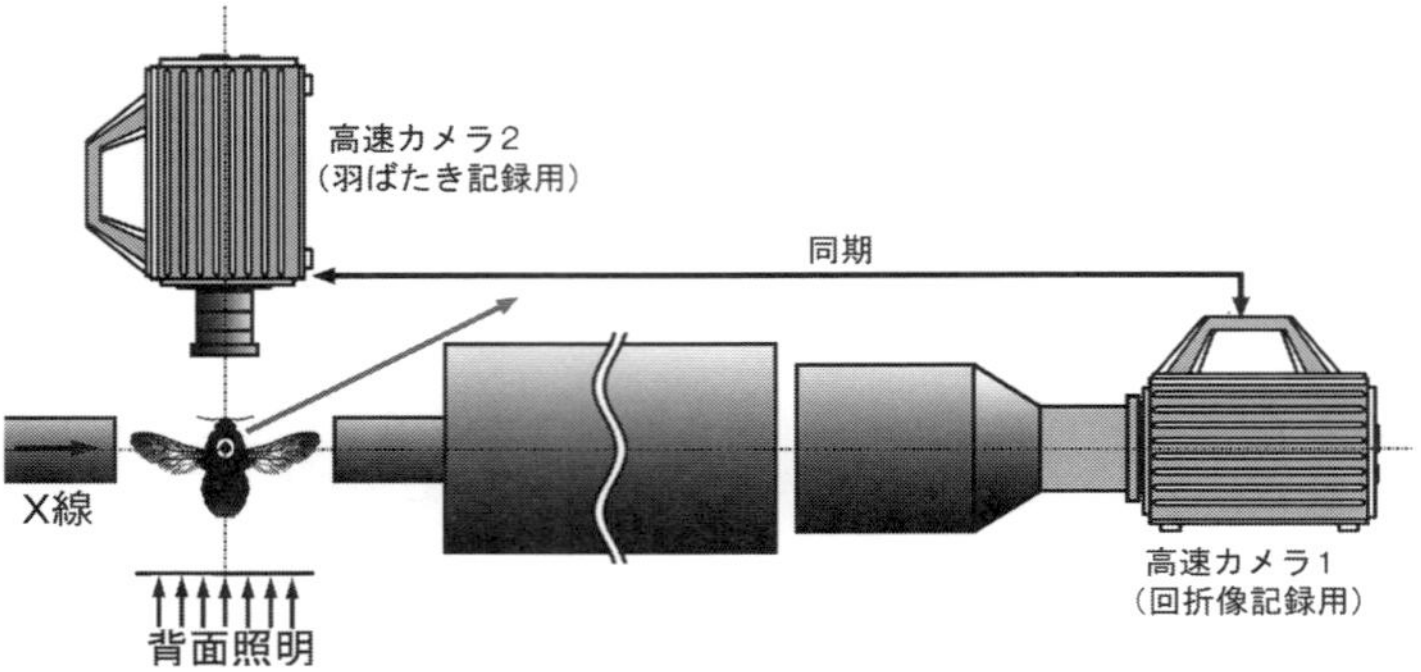

図8·5　羽ばたき中のマルハナバチ飛翔筋からX線回折像を記録するためのセットアップ
高速ビデオカメラを2台同期させて使い、1台は回折像を、もう1台はハチの羽ばたく姿を撮影する。文献[8-11]より。

も説明したが、X線繊維回折のいいところは、生きている生物にX線を当てて、その中の構造や分子の動きを調べたりできることである。そこで、先に述べたスプリングエイトの、他より1000倍明るいX線を発生できるビームラインを使い、高速ビデオカメラと組み合わせて、羽ばたいている最中のマルハナバチの飛翔筋からX線回折像の高速ムービーを記録することにした[8-11]。

毎秒5000コマの撮影速度で高速ビデオカメラを使用したので、1コマあたり0.2ミリ秒である(これは筋肉のX線回折像を2次元で記録したものでは世界最速)。実験に使ったやや大型のマルハナバチ(クロマルハナバチ)は1秒に約120回羽ばたいたので、羽ばたき1回に対して約40コマの撮影になる。羽ばたき1回を40に細かく分割すれば、羽がどの角度のときに飛翔筋の構造がどうなっているか、詳しく調べることができる。この実験ではX線回折像を可視光に変換しているため、使った高速ビデオカメラは可視光用のものである。同じ高速ビデオカメラを2台使い、同じ撮影速度で片方はX線回折像、片方はハチの羽ばたく姿を記録するようにしたので、回折像と羽の角度を1対1に対応づけられる（図8・5）。

さて、羽ばたいているハチの飛翔筋にどうやって正しくX線を当てるかという問題であるが、これは「拘束された飛行」というやり方で解決している（図8・6）。これは昆虫の胸部（背中側）を接着剤で棒の先端に固定する方法である。この状態では足は何にも触れない。足が何にも触れていなければ、昆虫は自分が空中にいるものと思って羽ばたく、と言われている。胸部が棒に固定されているので、飛翔筋の位置も固定され、正しい位置にX線を当てることができるのである。

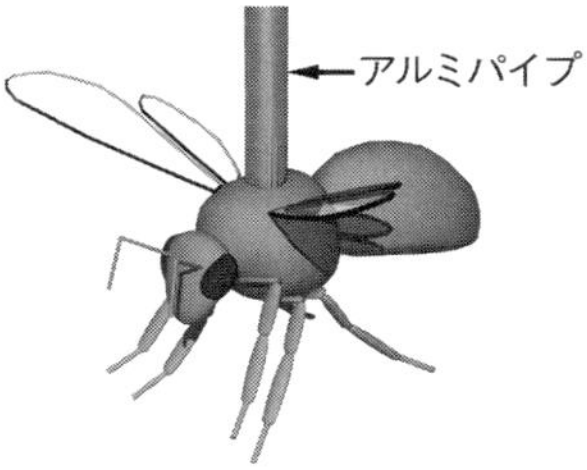

図8·6　拘束された飛行
背中にアルミパイプを接着する。

しかし実際に実験をしてみると、昆虫は一般に言われているようには簡単に羽ばたいてくれない。実験をしてみてわかったことであるが、マルハナバチは非常に賢い昆虫で、自分が囚われの身であり、背中に変なものがついているのがわかるのである。それで、足を使って必死にそれを外そうとするばかりで、ちっとも羽ばたかないのである。筆者もマルハナバチの足が背中に届くもの

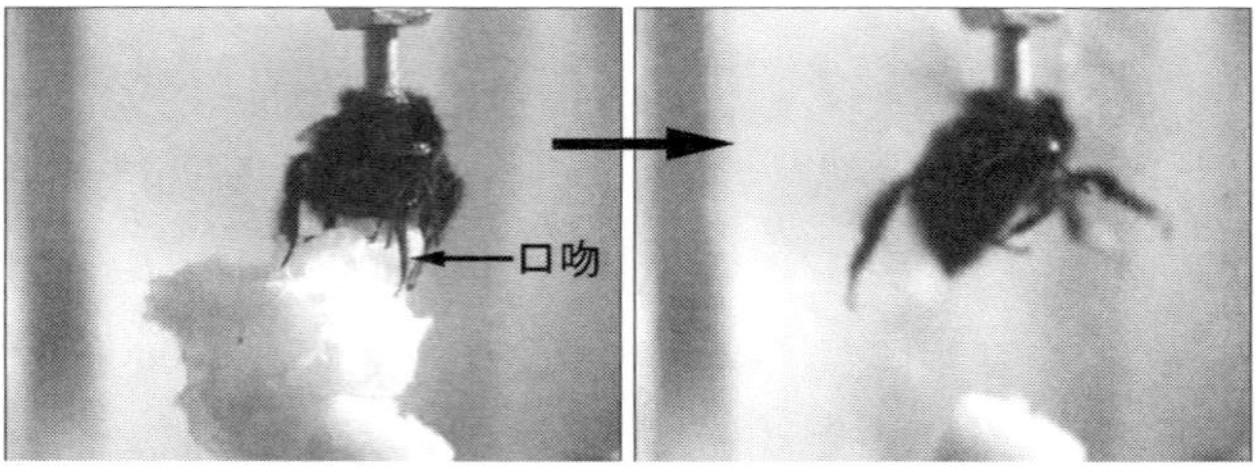

図8·7　拘束されたマルハナバチを羽ばたかせる方法
ここでは丸めたティッシュペーパーを砂糖水に浸して用いている。これを摂食中に急に奪うことで高確率で羽ばたきを誘発できる。筆者撮影。

とは思ってもいなかった。

　しかしその賢いマルハナバチにも弱点があった。それは空腹である。マルハナバチは普段長い時間飛びながら活動するためエネルギーの消費が激しく、たくさん花の蜜を吸ってエネルギーを補給する必要がある。そこで、砂糖水を浸したスポンジを足に持たせてやると、囚われの身であることを忘れたかのように口吻を伸ばし、一生懸命砂糖水を吸う。このスポンジには紐がついていて、砂糖水を吸っているときにその紐を急に引っ張って、スポンジを奪い取ってやると、マルハナバチはパニックになって思わず羽ばたいてしまう（図8・7）。そのときにすかさずX線を当てて、回折像を記録するのである。これは非常にうまくいくやり方だった。

　実際の測定では、X線を当てる実験は実験ハッチという鉄製の部屋の中で行い、被曝を防ぐため測定中は実験者は中に立ち入ることはできない。そこですべての実験は実験ハッチの外から遠隔操作で行うのだが、紐を引っ張る操作はモーターにやらせている。

このようにして、羽ばたいているマルハナバチの飛翔筋から首尾よくX線回折像を毎秒5000コマのスピードで記録することができた。いくらX線が明るいといっても、やはり1コマだけでは回折像が暗いので、1匹のハチについてX線を当てる場所を数か所変え、全部で9匹のハチを使って、記録された回折像を全部羽ばたきのタイミングが揃うように足し合わせると、非常に明瞭な回折像になって、精度のよい解析ができた。これをムービーにしてみると、たくさんの反射がそれぞれ羽ばたきに合わせて強くなったり弱くなったりしているのがわかる（図8・8。印刷ではその様子が伝えられないが）。

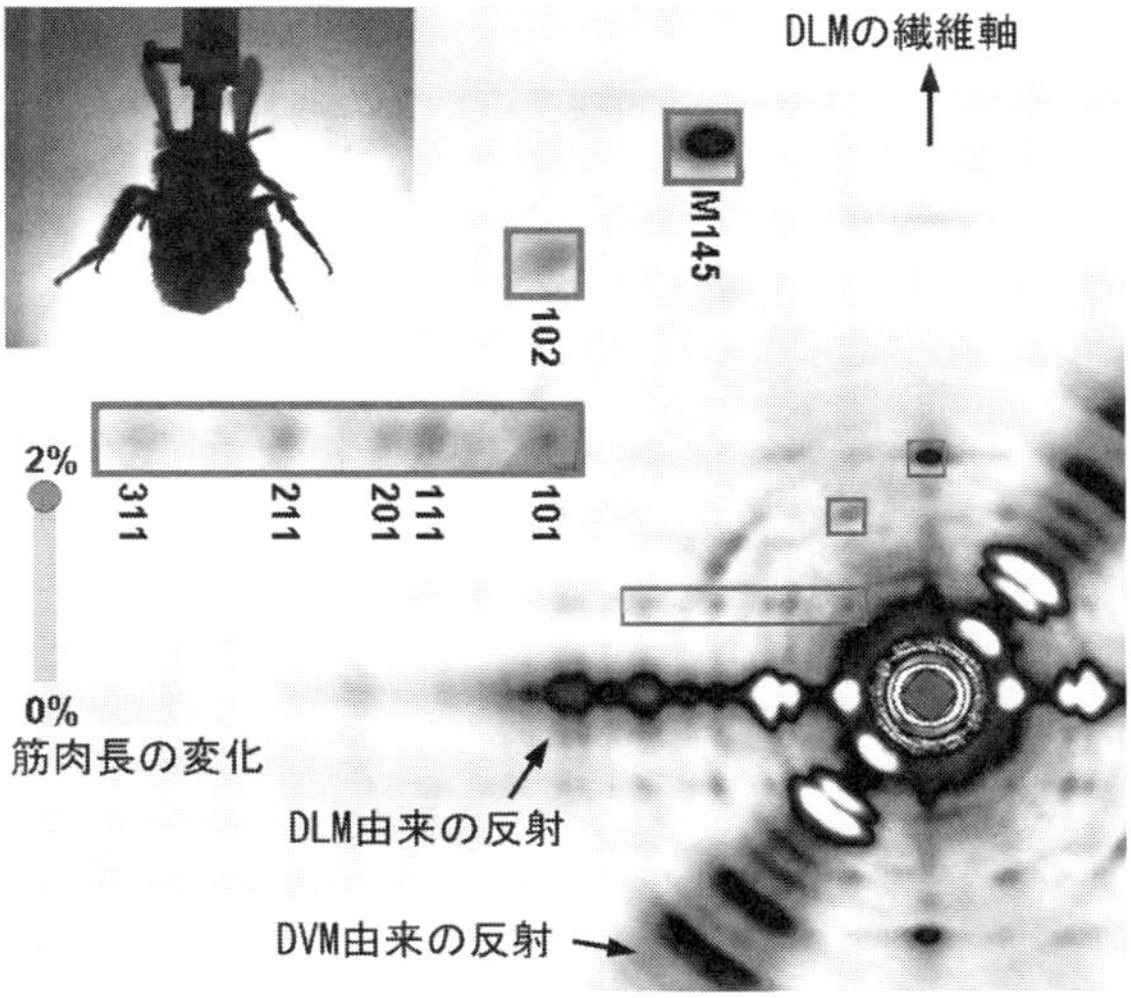

図8·8　9匹のマルハナバチから得られたX線回折像を足し合わせてつくられたムービーの一コマ

特に重要な反射のある領域（四角で囲っている）を、左上方向に拡大して示している。左上のハチの写真は、この回折像が撮られた瞬間の羽の位置で、ちょうどハチが真上まで羽を打ち上げた瞬間にこの回折像が撮られたことを示す。文献 [8-11] より。

その中には、ミオシンの頭部がアクチンに結合して力を出すときに強くなることが以前から知られている反射があり、それらは確かに飛翔筋が力を出して短縮するときに強くなっている。しかし、大事なことは、それとは違ったタイミングで変化する反射が見つかったことで、これらはちょうど飛翔筋が引っ張られる（伸張による活性化が起こる）タイミングで変化している。

これらの反射の変化は、筋肉が引っ張られるときに、何かのタンパク質の塊が繊維の軸に沿って動いていると考えるとよく説明できる。そのようなタンパク質の塊の候補としては、ミオシン頭部以外にはなかった。このミオシン頭部は、アクチンに結合していなければ位置が変わらないので、X線回折像の変化として捉えることはできないはずである。つまり、このミオシン頭部は、まだ力は出していないけれど、すでにアクチンに結合した状態にあると考えられる。筋肉が引っ張られると、ミオシン繊維とアクチン繊維の相対位置が変わり、このミオシン頭部は力を出す方向と逆に引っ張られることになる。これが引き金になって、ミオシン頭部が力を出す状態に変化すると考えられる。これが「伸張による活性化」のしくみなのだろうというのが、この生きたマルハナバチを使った実験から導き出せる仮説である。

実は、力を出す前のミオシン頭部が逆向きに引っ張られることで大きな力を出す性質は、脊椎動物の骨格筋にもあることがわかっている[8-12]。運動生理学では、筋肉が力を出しながら外力で伸ばされる状態を「遠心性収縮」といい、通常より大きな力が出ることが知られている。腕を曲げようとするときに、他の人に無理やり腕をまっすぐに伸ばされるような状態である。

このように、外から無理な力がかかったとき、大きな力を出して抵抗する機能は、体の損傷を防ぐ重要な機能なのだろう。この機能に、いま述べたミオシン頭部の性質は部分的に役立っていると思われる。そして昆虫も、そのミオシンに普遍的に備わっている性質をうまく利用して「伸張による活性化」を実現しているのではないかというのが筆者の考えである。

まとめ：

（1）スプリングエイトのX線を使って、羽ばたいている最中のマルハナバチの飛翔筋のX線回折像を、毎秒5000コマの速さで撮影した。これにより、羽ばたきに伴う飛翔筋内のタンパク質の動きを追うことができた。

（2）実験の結果から、非同期型飛翔筋の動作に重要な「伸張による活性化」のしくみについて重要な知識が得られた。そのしくみは、最近まで有力視されていた「トロポニンが伸張を検知する」というものではなく、ミオシン自身が伸張を検知しているらしい。

9章　昆虫の筋肉は体温調節にも使われる

1　ハチは恒温動物だ

さて、飛翔筋そのものの話は以上だが、飛翔筋に関連する話として昆虫の体温の話をしておこう。

恒温動物、変温動物という言葉は聞いたことがあるだろう。恒温動物とは、哺乳類や鳥類のように、自分の体で熱をつくり出して体温をいつも一定（人間の場合は36～37℃くらい）に保っている動物のことをいう。それに対して、そのような体温調節機能をもたず、環境の温度によって体温も変わってしまう爬虫類や両生類のような動物のことを変温動物という。かつては温血動物、冷血動物と言われたが、最近はこれらの言葉は使われなくなった。そして、昆虫も下等な生き物だから変温動物に違いない、と思われるかもしれないが、そう決めつけるのは誤りである。

一般に、酵素反応を含む化学反応は、温度が高いほど速くなる。したがって、環境の温度が低くても体温を高くして一定に保てば、酵素反応も速く、いつも一定の反応が得られるので効率的であるが、あまり体温を高くすると酵素が変性して壊れてしまう。そこで人間では体温が36～37℃くらいに保たれているわけである。

実はこの事情は、昆虫にとっても同じことである。温度が下がれば活動が鈍り、一定以下になると死んでしまう。また高温になれば、やはり体内のタンパク質が変性して死んでしまう。人間などと違い、体の小さな昆虫は環境の温度変化の影響を非常に受けやすいので、自分の体温を最適に保つことは人間が想像する以上に切実な問題なのである。そこで、昆虫は自分の体温を最適に保つためのさまざまな戦略を備えている。そのなかでも特に優れた体温調節機能をもっているのがマルハナバチやミツバチなのである。

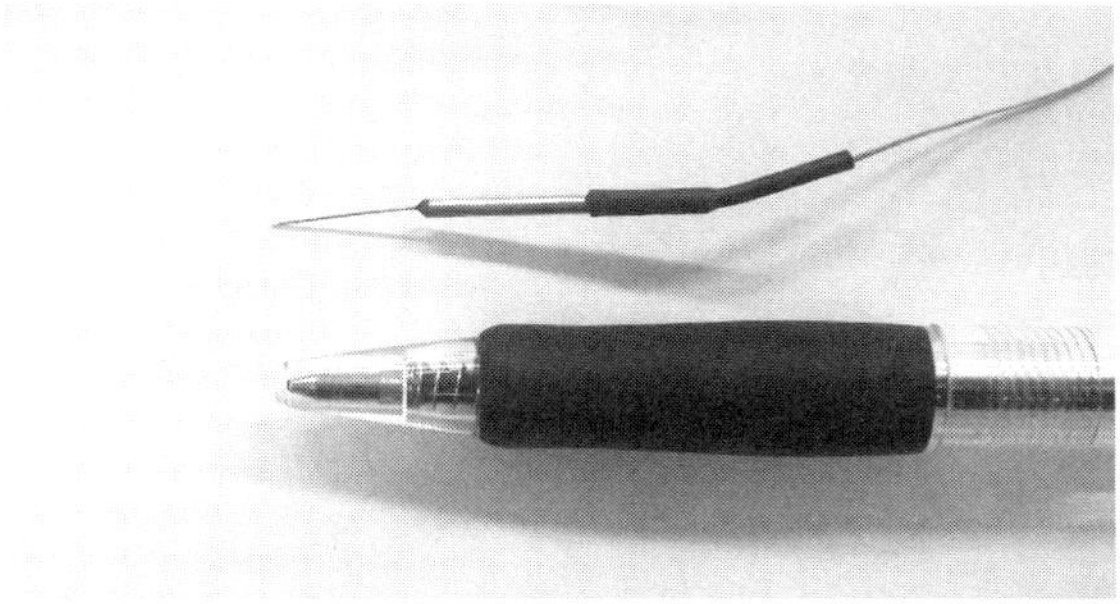

図9·1　細い針の中に仕込まれた熱電対（上）
筆者撮影。

温度を測る道具の一つに、熱電対《ねつでんつい》というものがある。これは、2種類の違った金属でできた針金をつなぎ合わせると、その接点のところに温度に応じた電圧が生じることを利用したものである。極細の針金を使うと、細い針の中に熱電対を仕込むことができる（図9・1）。

これを使って筆者は、花の蜜を吸いに飛んでくるマルハナバチを片っ端から捕まえて、熱電対を刺して飛翔筋の温度を測ったことがある（人がハチを刺すのは話が逆であるが）。そうしたら、どのハチも飛翔筋の温度は42℃くらいだった。マルハナバチの温度調節はよく研究されている。北極圏に住み、外気温3℃くらいでも活動するマルハナバチの種類がいるが、その種類でも飛翔筋の温度は同じくらいだという[9-1]。42℃といえば温度が高すぎて、人間のタンパク質なら変性してしまいそうな温度だが、ハチのほうも変性ぎりぎりまで温度を高めて、最高の効率で飛翔筋を動かしているらしい。一般的に、昆虫は羽をある程度以上の頻度で動かさないと空中にとどまることができない。それには飛翔筋の温度を一定以上にすることが必要なので、飛翔筋が冷えているときは、その温度になるまで文字通りウォーミングアップをする必要がある。

昆虫は飛んでいれば必ず熱を発生する。これはエネルギーを使うとき、そのエネルギーが100％の効率で羽ばたきの仕事に変換されることはなく、一部は必ず熱になってしまうからである（これは生き物に限らず、どんな機械でもそうである）。大型の昆虫は飛翔筋の体積に比べて表面積の割合が小さいので、発生した熱を十分に逃がすことができず、飛翔筋の温度が上がってしまう。そして、それらの昆虫の飛翔筋は、その温度が上がった状態で働くように最適化されている。だから、飛翔筋が冷えた状態では飛ぶことができない。先に述べたウォーミングアップをする昆虫は、そのような大型の昆虫である。

逆に小型の昆虫では、飛翔筋の体積に比べて表面積の割合が大きいから、熱が発生してもすぐに発散してしまう。したがって飛んでいるときの飛翔筋の温度も、外気温とあまり変わらないと思われる。飛翔筋のタンパク質も、昆虫が通常活動するときの外気温で最もよく働くように最適化されているのであろう。

飛翔筋をウォーミングアップするにはどうするかだが、これは羽を羽ばたかせずに飛翔筋を収縮させることによって行う。羽ばたきの仕事をまったくしないので、使ったエネルギーは100％熱になる。人間が寒いときに体の筋肉を震わせて体を温めるのと同じやり方である。

興味深いのは、マルハナバチはウォーミングアップで生んだ熱を、飛ぶ以外の用途にも使うことである。マルハナバチに限らず、昆虫は卵から幼虫を経てさなぎになり、羽化するまでの発育過程で、常にある程度の温度が必要である。環境が暖かければ問題ないが、先に述べた北極圏に住むマルハナバチでは、女王バチが鳥のように卵を温めるのだという[9-1]。熱を出すことができるのは飛翔筋だけなので、これを使って温める。鳥は卵がかえってひなになると自分で熱をつくれるので温める必要はないが、ハチの場合は羽化して成虫になるまでは熱をつくれないので、幼虫やさなぎも温めるのだそうである。このようにして、極地での生息に適応しているようである。

飛翔筋の熱の利用方法でもう一つ興味深いのが、ニホンミツバチの例である。ミツバチの巣は、しばしば外敵であるスズメバチに襲われる。スズメバチは肉食で、ミツバチの働きバチをかみ殺して肉団子にしてしまうのであるが、ニホンミツバチはスズメバチを集団で包み込んで熱を出し、スズメバチを「焼き殺す」行動をすることが知られている[9-1]。ニホンミツバチは日本に土着のミツバチで、黒っぽい色をしている。養蜂家が飼っているセイヨウミツバチはオレンジ色っぽい。屋外でセイヨウミツバチを見つけたら、それはかならずどこかの養蜂家が飼っているものである。

ところがセイヨウミツバチは、ニホンミツバチのような防御手段をもっておらず、スズメバチにやられっぱなしになってしまい、最後には巣を放棄してしまうこともあるという。また巣に寄生するダニに対しても耐性がないという。家畜化された昆虫は、何かにつけて脆弱《ぜい》のようである。

まとめ：

（1）体温を一定に保つことは昆虫にとっても重要である。そのため、一部の昆虫は自分で熱を発生して体温を一定に保つ。この熱の発生は、飛翔筋の活動による。

（2）マルハナバチは、飛翔筋の温度を42℃程度に保っている。変性ぎりぎりまで温度を上げることで、最大限の効率で筋肉を動かしているらしい。

（3）飛翔筋の生み出す熱は、飛翔以外にも使われることがある。マルハナバチの女王はその熱で卵や幼虫、さなぎを暖めるし、ニホンミツバチは外敵を焼き殺したりする。

2　冬に飛ぶ蛾の話

温帯では、昆虫が飛び回るのをよく見るのは春から秋にかけてで、本州の平地では大体4月頃から10月頃まで、梅雨時から9月頃までは特に多いだろう。ところが、特に蛾の仲間では、他の

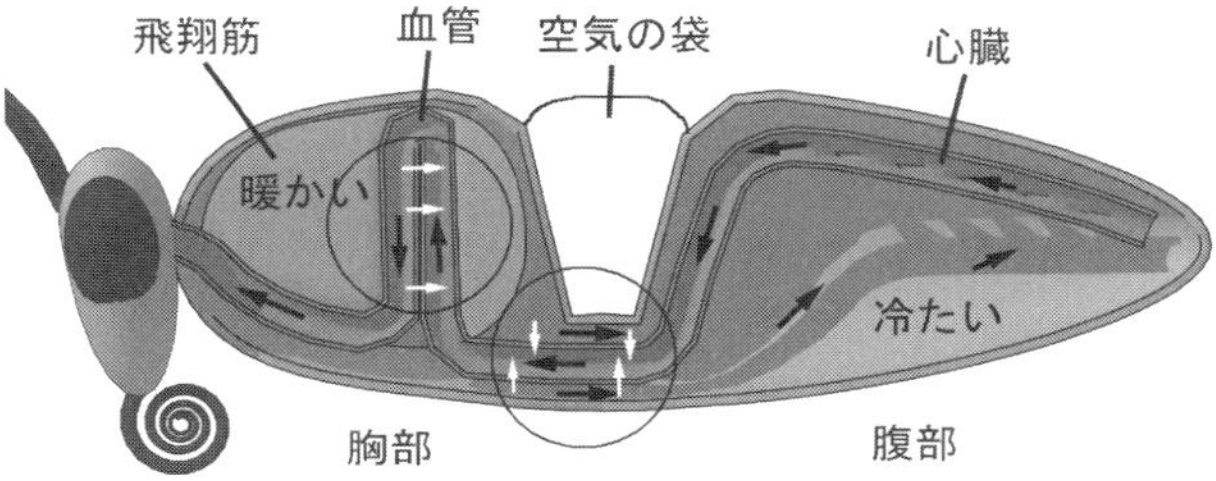

図9·2　晩秋から春先にかけて活動するヤガが、対向流システムにより飛翔筋を保温するやり方

黒い矢印は血液の流れを、白い矢印は熱の流れを示す。昆虫は開放血管系で、腹部にある心臓から送り込まれた血液は、血管を通って頭部まで達した後、体の組織の中を通って腹部まで戻る。その経路の途中に2か所、血液の逆方向の流れが密に接する部分があり、ここで熱の移動が起こる（丸で囲った部分。ここが対向流システムである）。その結果、腹部からくる冷たい血液は胸部から流れてくる暖かい血液で温められて胸部に入る。一方、胸部から出て行く血液は冷たい血液で冷やされて腹部に戻る。こうして腹部と胸部の熱絶縁が高められ、保温効果が出る。腹部と胸部の間にある空気の袋も熱絶縁に役立つ。文献[9-2]を元に作成。

昆虫がほとんど活動しない晩秋から真冬、早春にかけて飛び回るものがいる。このような昆虫の飛翔筋の温度はどうなっているのだろうか？

このような寒い時期に活動する昆虫で、代表的なのがヤガの仲間でキリガとよばれるグループである。外観は夏に飛び回る普通のヤガとあまり変わらない。これらの多くは晩秋に羽化し、そのまま成虫で越冬して春先まで活動する。暖かい夜ならば明かりに飛んでくることもあるが、むしろ、春先にまだ花が咲かない頃、樹液に集まっていることが多い。

これらの蛾がどうして低温でも飛ぶことができるかについては、米国・バーモント大学の動物学者ハインリヒによって詳細に調べられている[9-2]。それによると、これらの蛾も、飛んでいるときは飛翔筋の温度は30℃以上になっていて、夏に活動する蛾と変わらない。低い外気温でも飛ぶことができるように、これらの蛾には三つのしくみがそなわっているという。一つは外気温が非常に低くてもウォームアップが始められること、二つ目は厚い鱗粉に覆われることで熱の発散を防ぐこと、三つ目は「対向流システム」（コラム3参照）といわれる特殊な血管の走り方である（図9・2）。流れの向きが逆の2本の血管を隣り合わせに並べることで、その間で熱交換を促し、結果として冷えた血液が（心臓は冷たい腹部にある）暖められて胸部に入るようになっている。

また、ウスズミカレハ（図9・3）という蛾も、晩秋から初冬の頃に飛び回る蛾で、雪の舞う夜に飛んでくることもある種類だが、胸部に長い鱗粉が密生していて、あたかも毛皮のコートを着ているようである。これも飛翔筋を暖かく保つのに役立っているのだろう。

一方、冬に活動する蛾としてよく知られるのが、フユシャク（図9・4）とよばれる蛾のグループである。これも雪の舞う夜にも飛んでくることがある。これはシャクガとよばれる非常に大きな蛾のグループの一部で、幼虫はいわゆるシャクトリムシである。シャクトリムシは、蛾の幼虫（イモムシ、ケムシ）に通常ある4対の腹脚のうち、最後のものを残してすべてが退化しており、体を曲げたり伸ばしたりしながら、ちょうど巻尺で長さを計るようにして歩くため、この名前がある。一部は木の枝に擬態していて、あまりに木の枝に似ているので土瓶をかけたら、体が柔らか

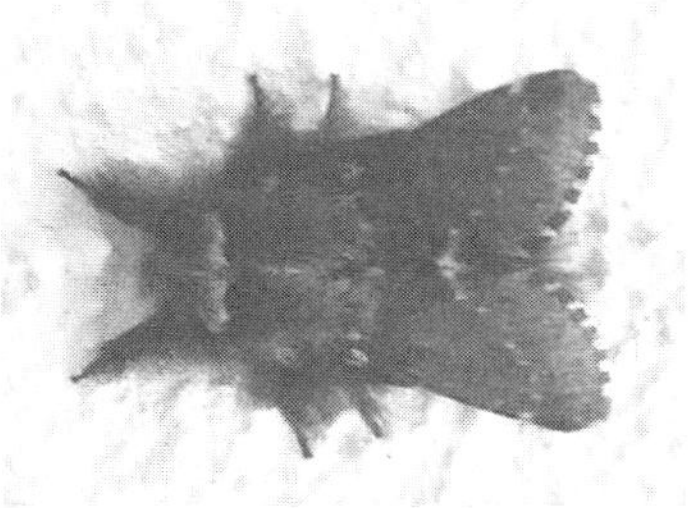

図9·3　ウスズミカレハ
スプリングエイト付近にて筆者撮影。

図9·4　フユシャクの一種（オス）
スプリングエイト付近にて筆者撮影。

いので土瓶が落ちて割れるというのでドビンワリというニックネームがある。ハワイには、枝と間違えて（?・）登ってくる他の昆虫を捕らえて食べる肉食性の種類もいる。

さて、話がそれたが、大部分のフユシャクの種類の成虫は、非常に細身で弱々しく、胸部にもふさふさした鱗粉が密生しているわけではない。したがって、この昆虫が飛翔筋の温度を高く保つことはできないだろう。恐らくは筋肉中のタンパク質が、低温でもうまく働くような性質をもっていると思われる。米国シアトル・ワシントン大学の昆虫研究者マーデンは、フユシャクの一種と、飛ぶときに飛翔筋の温度が40℃くらいになっているスズメガの一種から飛翔筋の細胞を取り出して、性質を比較した。それによると、スズメガの筋細胞は13℃以下では収縮しなくなったが、フユシャクの筋細胞は1℃でも収縮したという[9-3]。ただしフユシャクの筋細胞は、25℃以上では急速に収縮能力を失ってしまったという。フユシャクの筋収縮タンパク質は、低温でも働く代わりに、高温に弱く、通常より低い温度で変性してしまうようである。

また余談であるが、フユシャクの仲間は飛び回るのはオスだけで、メスは羽が退化していて木の幹に止まってじっとしているだけである。しかし、フユシャクは伊豆諸島など離島にも分布している。どうやって海を渡ったのか、というのが話題になっている。それからもう一つ、フユシャクも超音波を聞くことのできる「耳」をもっていて、コウモリのソナーの音を聞くと急降下して捕食されるのを避ける（10章3節「妨害音波を出してコウモリをかわす蛾」参照）。しかしメスは耳が退化していて、音は聞こえないのだという。幹に止まっているだけのメスはコウモリに捕食されることがないから、コウモリの超音波も聞こえなくていいというわけである。

まとめ：

外気温が低くても活動できる昆虫には、二つのタイプがある。一つはキリガのように、収縮タンパク質の温度特性は他の昆虫と変わらないが、厚い鱗粉や対向流システムで熱絶縁を高めるタイプで、二つ目はフユシャクのように、低温でも作動する収縮タンパク質をもつタイプである。

コラム3　対向流システム

対向流システム（対向流増幅系）とは、流れの向きが反対の二つの管を隣り合わせにして、その間で熱や物質の交換を促すことで、管にそって温度や物質濃度の強い勾配をつくり出すしくみである。生物界で広く見られる。蛾の例のほかに、もっとよく知られたものとしては、冷たい水の上に立つ水鳥の例がある。冷えた足を通った冷たい血液は、そのまま体に戻ると体を冷やしてしまうが、戻る途中で血管の対向流システムがあり、ここで熱が交換されて血液は温まって体に戻る。この、血流の向きが逆になった血管が接している部分は、奇網（きもう、レーテ・ミラビレ）とよばれている。また交換されるのは熱でなくてもよい。対向流システムで最もよく知られているのは、腎臓にある「ヘンレのループ」といわれる構造である。ここでは、血液がろ過されてできた薄い原尿が通る管がヘアピンの形に折れていて、ここで塩分（ナトリウム）の交換が行われる。その結果、ナトリウムが濃縮され、水分をなるべく失わずに濃縮された尿がつくり出されるのである。

この原理は、熱交換器など、人間の作る機械にも広く応用されている。

10章　昆虫の筋肉は鳴くためにも使われる

1　鳴く虫はどうやって音を出すか

ここで話題を変えて、鳴く虫の話をしよう。鳴く虫といえば、何を思い出すだろうか。夏のセミ、夏から秋にかけて鳴くコオロギ、マツムシ、スズムシなど。それからカミキリムシも、手で捕まえるとキーキーと鳴く。もちろんこれらの昆虫は、鳴くときには筋肉を使う。声（音）の出し方は、セミとそれ以外では違う。

コオロギ、マツムシ、スズムシなどはみなバッタ目（直翅目）の昆虫で、ひげ（触角）の長い、キリギリスに近い仲間である。これらの昆虫には、羽の一部にやすりのようなぎざぎざが付いていて、2枚の羽をすり合わせることで音を出す。ひげの短いバッタの仲間の中にも、ナキイナゴのように鳴くものがあり、それは羽を後ろ足でこすって音を出す。カミキリムシも、頭と胸をこすり合わせて鳴くので、発声の原理はバッタ目の昆虫と同じである。

セミの鳴き方は、これらの昆虫とは違っている。オスのセミの腹部の第一体節には、左右に「ティンバル」とよばれる丸くて硬いクチクラでできた板が1対ある（図10・1）。このティンバルにはたくさんのひだがある。ティンバルを引っ張ると、ひだが伸ばされてパキパキという音がする。引っ張るのをやめると、ティンバルは弾力のためにもとにもどって、伸びたひだがふたたび折れ曲がるため、またパキパキと音がする。したがって1回ティンバルを引っ張ると、ひだの数の倍

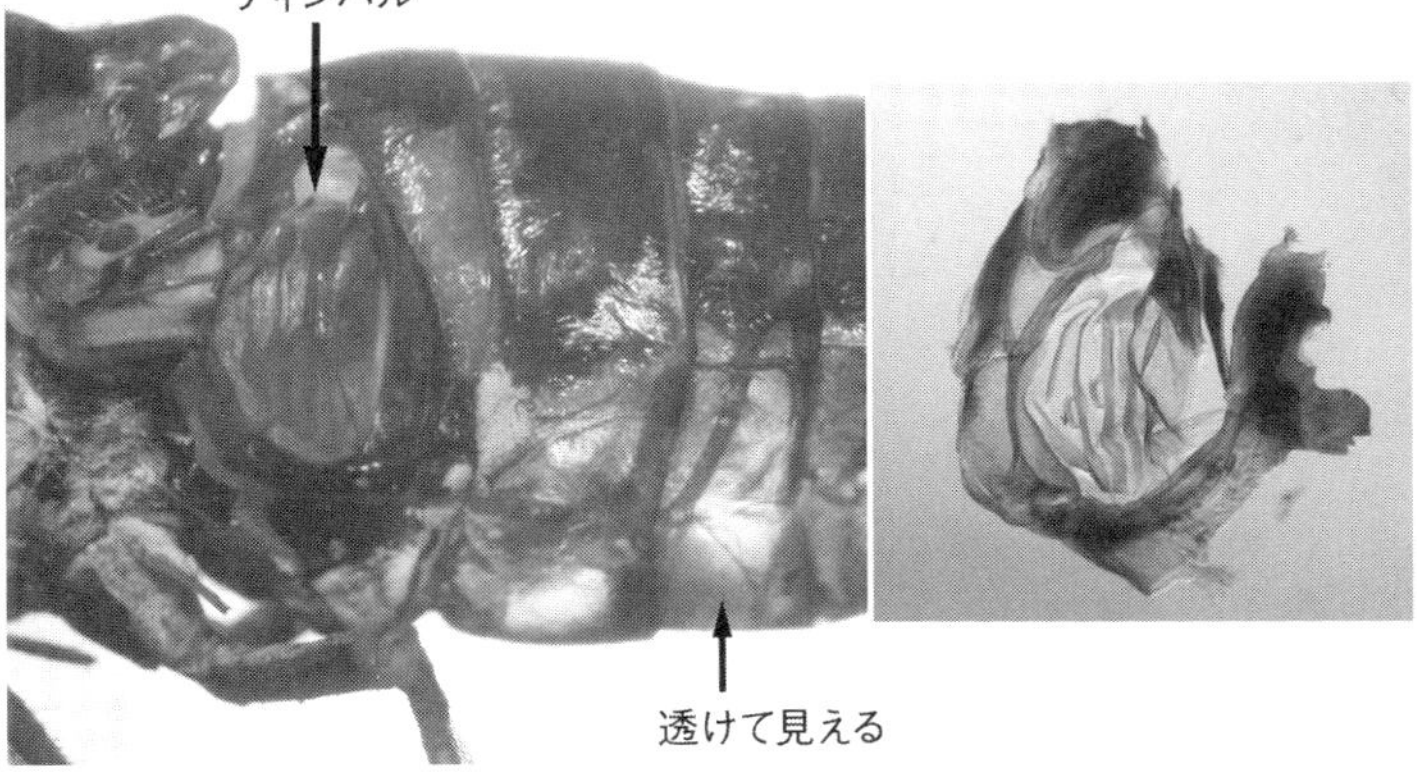

図10·1　セミ（ツクツクホウシ）の発音器、ティンバル
左は覆っている蓋を外したところで、矢印がティンバル。右は切り出したティンバルで、多数のひだがあるのがわかる。なお、セミの腹部（特に下側）が透けて、向こう側の光が見えることに注意。筆者撮影。

の音のパルスが出ることになる。
オスの腹部は、がらんどうで、ほとんどが空気で満たされている。この腹部がちょうどバイオリンの胴のように共鳴箱として働き、ティンバルから出た音があんなに大きな鳴き声となって聞こえるわけである。オスの腹部が空気で満たされているのは、小型の種類のセミのオスを捕まえて太陽の光にかざしてみれば、光が抜けてくるのでわかる。

セミは、このティンバルを引っ張るために、非常に立派な筋肉をもっている。これは、適当な訳語がないが、英語でティンバル・マッスル（tymbal muscle）とよばれる。この筋肉も、腹部の第一体節にあって、腹部を開いてみると大きなV字形の筋

図10·2　セミのティンバル・マッスル
写真ではよくわからないが、上部に腱があって、ティンバルにつながっている。筆者撮影。

肉である（図10・2）。そして、ティンバルの形、この筋肉を収縮させるリズム、他に補助的な役割をしている小さな筋肉の働きの違いから、セミの種類によってあれほど違う鳴き方になるのである。

このティンバル・マッスルという筋肉は、昆虫のどの体節にも標準で備わっている背腹筋という筋肉が変化してできたものと考えられている〔10-1〕。飛翔筋にも同じ名前の筋肉があるけれど、こちらは通常の体壁筋である。前にも書いたように、飛翔筋は速く縮むのに適した構造なのに対し、体壁筋は力を出すのに適した構造をしている。また体壁筋は白っぽくて透き通っているのに対し、飛翔筋はクリーム色からピンク色で、濁っている。

それで、このティンバル・マッスルを見てみると、どうも見た目が飛翔筋に似ている。それで、さらに詳しく調べると、筋細胞の太さも飛翔筋と変わらないし、サルコメアの長さも短い。さらにX線回折法で微細構造を調べると、回折像も飛翔筋のものと非常によく似ているし、飛翔筋と同じように、1本のミオシン繊維が6本のアクチン繊維に囲まれていることがわかった[6-12]。さらに驚いたのは、飛翔筋だけに特異的に発現していると考えられていた、長い鎖が余計についたトロポニンI（「トロポニン仮説」8章2節②を参照）が発現していることが発見されたのである[6-12]。このように、セミのティンバル・マッスルはあらゆる点で飛翔筋に非常に近い。ティンバル・マッスルは、鳴き声を出すために相当速い収縮をする必要があると思われる。そこで、すでにもっていた飛翔筋用の遺伝子のセットをティンバル・マッスルに流用したのではないだろうか。突然変異によって、ティンバル・マッスルに適した遺伝子のセットを新しくつくり出すよりは、すでにある遺伝子のセットを流用したほうが労力が少ないだろう（あまり科学的な表現ではないが）。進化学的にもそのような流用の例が見つかったことは興味深いことである。

前にも書いたように、セミの飛翔筋は原始的な昆虫と同じ、「同期型」である（6章2節を参照）。ティンバル・マッスルも同様で、同期型なのだが、一部の種類では非同期型だと主張する研究者がいた[10-2]。それは、スリランカにいるニイニイゼミの一種についてである。1回の収縮で発生する音のパルスの数が同期型では説明ができない、というのである。筆者は、それが本当かどうか、日本産のニイニイゼミを使って調べてみた。しかし、非同期型の特徴である「伸張による活性化」を示さないので[6-12]、非同期型であるというのは誤りだろうと思っている。先に書いたように、ティンバル・マッスルが1回収縮すると、ティンバルのひだの数の倍の音のパルスが発生するので、解釈を誤った可能性があると思っている。

しかし、仮にティンバル・マッスルが非同期型だったとしても、驚くべきことではないと思っている。それは、セミが、ヨコバイのような非同期型の飛翔筋をもった小型の昆虫から進化したと思われるからである（78～79ページの「進化は後戻りしない？」参照）。進化は後戻りしない、といったのはオックスフォード大のプリングルであるが、彼の予想に反してセミが同期型へ後戻りしたと思う理由の一つは、セミの飛翔筋のX線回折像である。通常の方法でセミの飛翔筋のX線回折像を撮ると、一部の反射が斑点状になり、非同期型のように構造の規則性が高いことがわかる[6-12]。そして1本の筋原繊維の反射を記録すると、巨大単結晶型に近い回折像が得られる[9-3]。これは、非同期型だった祖先の名残ではないかと考えている。

まとめ：

（1）鳴く昆虫の代表的な音の出し方には、羽や足のやすりのような凹凸のある面をすり合わせるものと、ティンバルというひだのあるクチクラを変形させるものがある。

（2）セミは、後者のやりかたで鳴く虫の代表である。ティンバルで発生した音を、空洞になった腹部全体で共鳴させて大きな鳴き声を出す。

（3）セミは、よく発達したティンバル・マッスル（ティンバルを変形させる筋肉）をもつ。これは速い収縮に適するように、飛翔筋で発現するタンパク質を流用している。

2　ヨコバイだって鳴く

ヨコバイやウンカは、セミをうんと小さくしたような昆虫で（図10・3）、口吻を突き刺して植物の汁を吸う点はセミと同じである。これらの昆虫の一部は稲の汁を吸う害虫になっているが、一般には草地にいくらでもいるありふれた昆虫である。ヨコバイは、カニのように横に歩くことがあるので、そのようによばれている。

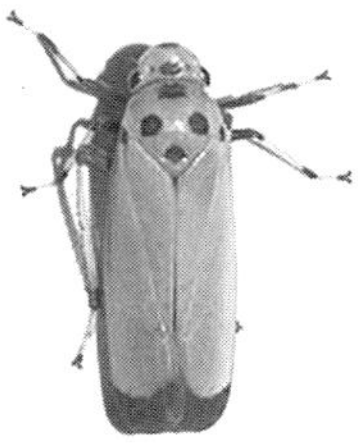

図10·3　ヨコバイの一種、ツマグロオオヨコバイ
大型で目につきやすく、子供たちの間では「バナナムシ」とよばれ親しまれている。スプリングエイト付近にて筆者撮影。

これらの昆虫が鳴くことは、一般には知られていないだろう。実はこれらの昆虫も立派にティンバルとティンバル・マッスルをもっている。しかしセミのように腹部が空洞になっているわけではないので、人間の耳に聞こえるほどの音は出ない。これらの昆虫は、空気を伝わる音よりは、止まっている草の茎などを振動させて、その振動によってコミュニケーションをとっている[10-1]。ウンカの一種のティンバル・マッスルには、飛翔筋に特異的なフライチンというタンパク質が発現しているという研究があり[10-3]、飛翔筋タンパク質をティンバル・マッスルに転用することは、セミが進化する前から起こっていたのかもしれない。

なお、オーストラリア本土とタスマニア島には、チカメゼミ（ムカシゼミ）という原始的なセミが生息している。このセミは鳴かないといわれるが、実際には、止まっている枝などを介した振動によってコミュニケーションをとることが明らかになっている[10-4]。このように、振動によるコミュニケーションが基本であり、そこから空気の振動（つまり鳴き声）を利用するように進化したのが、現在繁栄しているセミと考えられる。

まとめ：

セミは、ヨコバイのように止まっている茎や葉を振動させてコミュニケーションをとる昆虫から、空気中を伝わる音でコミュニケーションをとるように進化したと考えられる。

3　妨害音波を出してコウモリをかわす蛾

鳴く虫にはどんなものがいるか、と聞かれたときに、「蛾」と答えられる人はよほどの物知りだろう。メンガタスズメという蛾は、捕まえると人間に聞こえる声でキイキイと鳴くことは知られている。しかし実際はもっと多くの種類の蛾が鳴くことがわかっている。よく知られたところでは、ヒトリガの仲間であるリンガというグループである[10-5][10-6]。これらの蛾は、セミと同じように腹部第一体節のところに1対のティンバルをもっており、それにはセミのものと同じように多数のひだがある（図10・4）。そして、セミと同じように、ティンバルを変形させるためのティンバル・マッスルをもっている。これは、かなり力強そうな筋肉で、さぞかし大きい声が

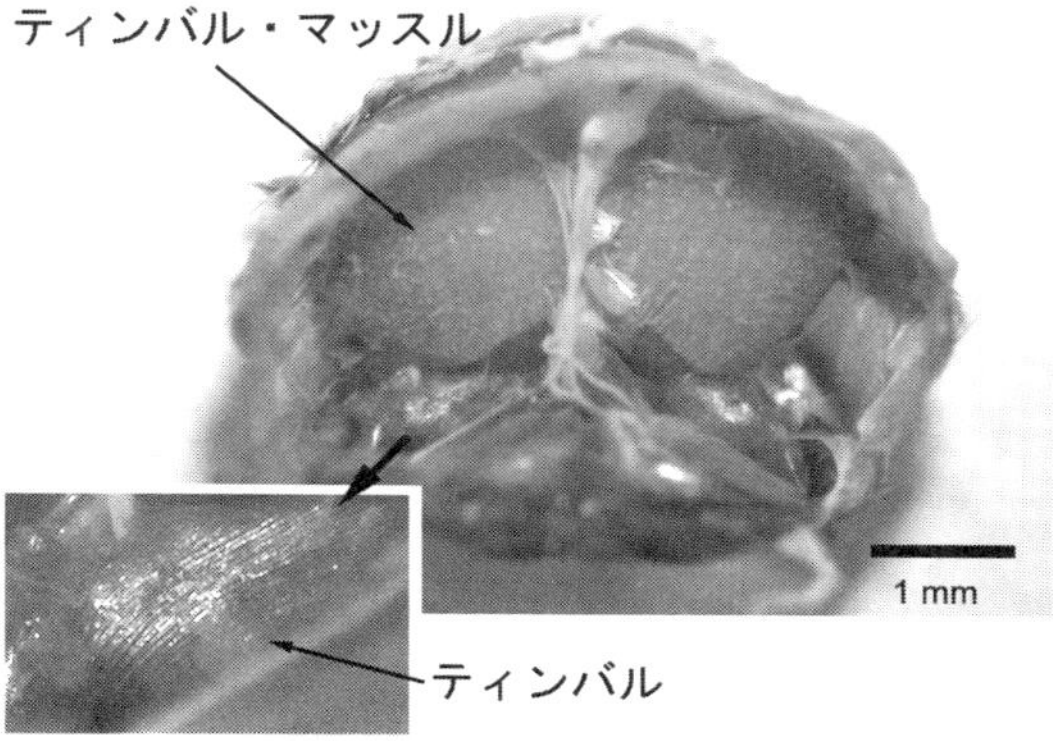

図 10·4　発声する蛾、ミドリリンガのティンバルとティンバル・マッスル
セミと同じく腹部第一体節にある。ティンバルのひだはセミよりずっと細かい。ティンバルの上半分は筋肉に隠れているが、第一体節の前面のかなりの面積を占めている。筆者撮影。

出せるのだろうと想像する。ただし、これらの蛾の出す声の周波数は超音波帯域（40キロヘルツくらい）なので、人間には聞こえないし、録音には特殊な装置が必要である。声が超音波であることに対応して、ティンバルのひだは非常に細かくなっている。声の用途はセミと同じくオス・メス間のコミュニケーションと考えられていて、発音機能はオスにしかない。

ところで、この蛾の出す超音波の周波数は、コウモリの出す声の周波数と大体同じである。コウモリはご存知のように、自分の出す超音波をソナーとして使い、飛んでいる蛾に当たって跳ね返って戻ってきた音波を聞き分けて蛾の位置を知り、捕まえて食べる（図10・5）。しかし、蛾のほうも決して無抵抗でコウモリに食べられているわけではない。発声機能をもっていない蛾も、超音波を聞くことのできる耳はもっていて、コウモリの声を聞くと羽ばたくのをやめて急降下することで、コウモリの追跡から逃れようとする[10-7]。しかし、ヒトリガの別の種は、超音波の発声機能を使って、さらに手の込んだことをするという。

それは、コウモリの超音波を聞くと、同じ帯域の超音波

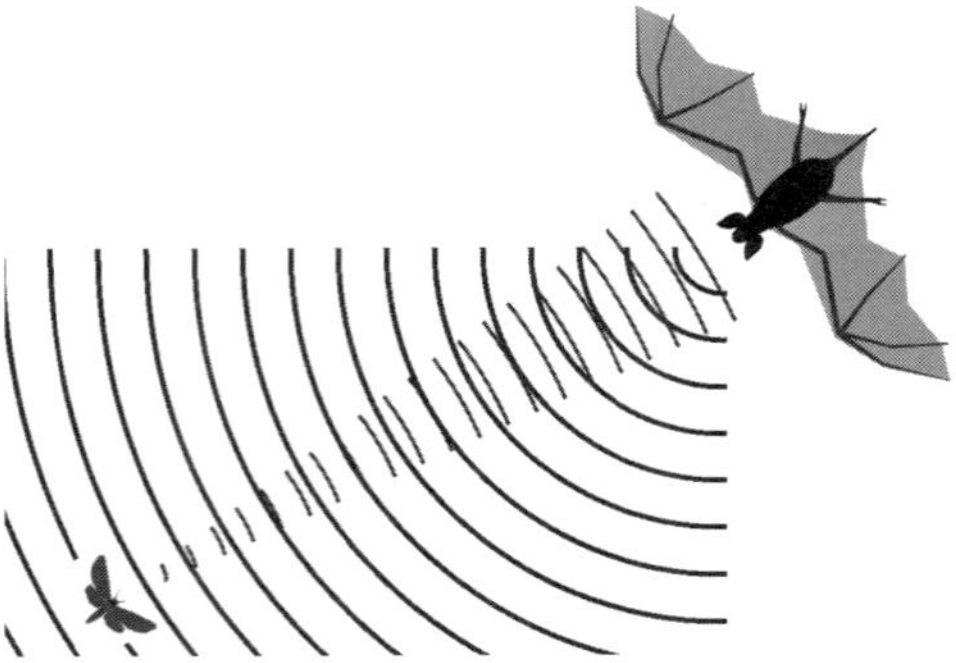

図10·5　コウモリの超音波ソナーによる蛾の捕食

を自ら発声して、コウモリのソナーを撹乱するのである[10-6]。蛾の超音波を聞くと、コウモリは蛾の追跡をやめてしまうのだという。超音波を発声する蛾のうち、どのくらいの種類が自分の声をコウモリの捕食からの防御に使っているのかはわからないが、恐らくその機能はオス・メス間のコミュニケーションから派生したものであろう。もしコウモリに対する防御が主目的なら、メスも同様に発音機能をもっていなければおかしいからである。

コウモリが超音波で狩りをする手段を獲得したのと、蛾が超音波を聞ける「耳」を獲得したのと、どちらが先かはわからない。しかし、捕食者が現れると、被食者はそれを逃れるさまざまな手段を進化の過程で獲得するものである。また、蛾とセミは系統的にかけ離れているので、それぞれが独立にティンバルによる発音機能を獲得したと思われるが、構造的に非常によく似たものが進化の過程で独立に生じたというのも興味深い。進化とは、実に面白いものである。

まとめ：

一部の蛾は、セミと同じ位置（腹部第一体節）にティンバルをもっていて発声するが、周波数はコウモリの声と同じ超音波帯域である。この声はオス・メスのコミュニケーションの他、一部の種ではコウモリの捕食を妨害するのに使われる。

11章　アリ—小さな体に秘められたパワー—

1　筋肉の収縮より速い動きをどうやってつくり出すか

アリのアゴの動きは動物界最速

さて、動物の中で一番速い動きができるのは、どの動物だろうか。チーター？　実は、一番速い動きができるのはアギトアリというアリの仲間であることがわかっている[11-1]（図11・1）。このアギトアリは、牙（大あご）を180度開いて獲物を待ち、バチンと閉じて獲物を捕らえるのだが、この牙を閉じる速度が最高で1秒に64・3メートル（平均は38・4メートル）、時速にすると231キロである。チーターの走る速さ120キロの倍くらいの速さである。もっとも、ハヤブサ（鳥）の急降下する速度は389キロという記録があるそうだが、こちらは重力のアシストを受けての話なので、動物が自分の力だけでつくり出せる速度としては、これが最高なのだそうである。

図11・1　アギトアリ
北海道大学・青沼仁志博士のご厚意による。

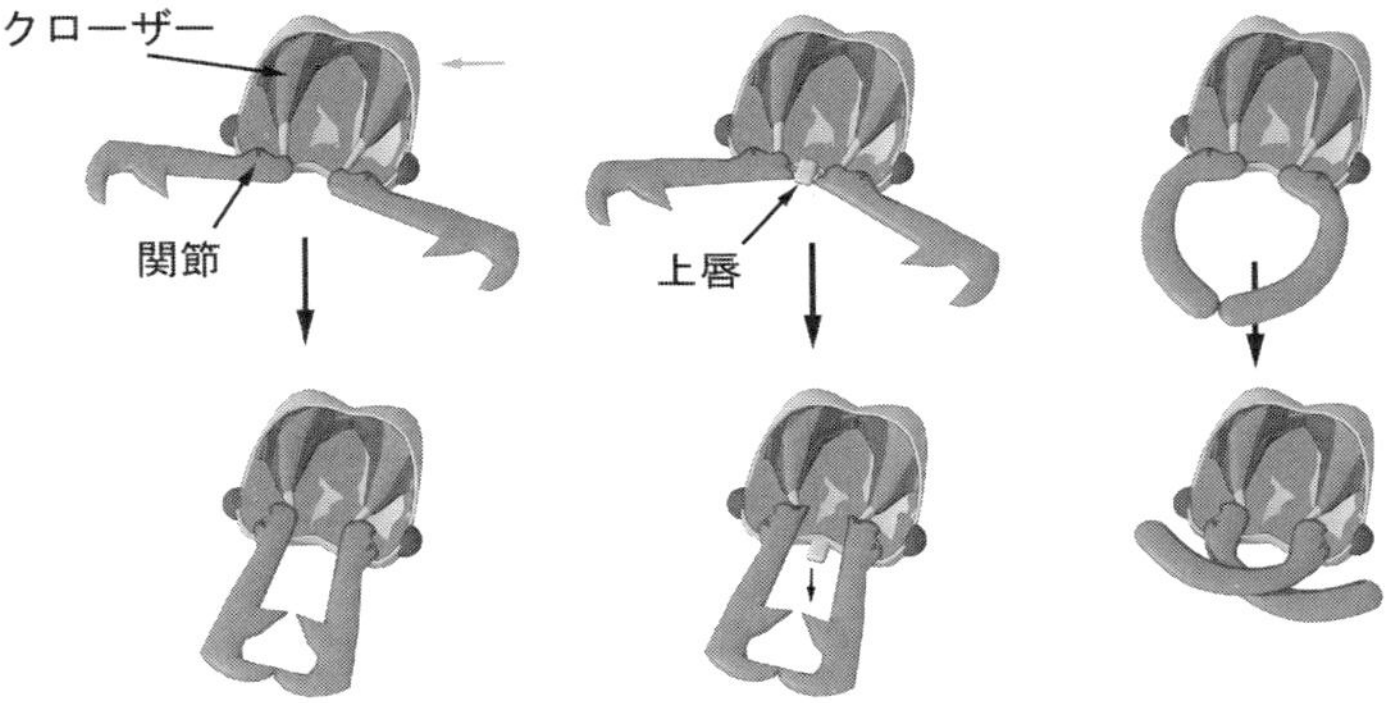

図 11·2　高速で牙を閉じるアリの頭部の模式図
牙を閉じる筋肉（クローザー）が見えるように上部の外骨格を切除したところ。左：アギトアリ。留め金機構は関節に仕込まれていると言われるが、詳しいことは不明。中：ダケトンという熱帯性のアリ。口器の一部である上唇とよばれる構造が留め金となり、これが下方に移動することで牙が閉じる。右：ドラキュラアリ。牙自身が留め金の役目も兼ねる。実際の頭部の形はアリの種類により大きく異なる。

アギトアリは、アリの中でも特徴のある形をしている。頭部が普通のアリに比べてとても大きいのである。この頭部の中には牙を閉じるための筋肉（クローザー）がぎっしり詰まっている。牙の関節には留め金機構があり、牙を180度開いた状態でロックできる（図11・2）。その状態でクローザーを十分に収縮させてから、他の筋肉で留め金を外すと、ためたエネルギーが一挙に放出されて超高速で牙が閉じるというわけである。したがって、筋肉の収縮自体が速いわけではない。牙を開いてエネルギーをためた状態では、頭部外骨格の筋肉が付着している部分が内側に引っ張られるため、頭部がぐっと凹むように変形するのがわかる。

この牙を急速に閉じる動作は、獲物を捕らえるだけでなく、敵に襲われたときに自分自身がジャンプして逃げるのにも使われる。このときに生み出される加速度はなんと重力の10万倍もあり、自分の体重の500倍のものを持ち上げられる力だそうである。これを使って、20センチくらい遠くへジャンプすることができる（体長の20倍程度）。ジャンプのスピードは、平均で毎秒1.7メートル（時速6キロ）くらいである。捕食者にとっては、目の前の餌が瞬間的に消えるように見えることだろう。

アギトアリのクローザーは、サルコメア長が10マイクロメートル近くもある典型的な遅筋で、大きな力を出すのに適している（「速い筋肉、力強い筋肉」4章2節を参照）。一方、留め金機構のない普通のアリ（クロオオアリなど）では、クローザーに遅筋と速筋（サルコメア長が2マイクロメートル程度）の両方が存在するのだという[11-2]。これらのアリでは筋肉の短縮速度が牙の動きの速さに直接反映するため、速い動作のためには速筋が必要なのだろう。さらに、熱帯にはハルペグナトスという、牙がコンパスのように長いアリがいる。これは肉食性で、飛んでいる昆虫にジャンプして飛びかかり、牙で捕らえるそうである。このアリのクローザーは大部分の体積を速筋が占めているという[11-2]。このアリも留め金機構は使わず、筋肉の短縮だけで速い牙の動きを実現しているのだろう。

なお、筋肉の力を弾性エネルギーとして蓄え、一気に放出することでジャンプすることは昆虫ではよくみられることであり、バッタもそうだし、ノミやアワフキムシ（セミに近い小型の半翅目の昆虫はジャンプするものが多い）などもそうである。多くの場合、弾性エネルギーはクチクラの他、レジリンという弾性タンパク質に蓄えられる[11-3]。レジリンは弾性エネルギーを高い効率で蓄えることができる、昆虫のもつ高機能材料であり、これを人工的に発現させて医学や産業分野で利用する試みもなされているという[11-4]。レジリンは紫外線を当てると青く光る性質があるので、昆虫がレジリンをもっていることを簡単に知ることができる。

なお、本書の原稿をほとんど書き上げた頃にニュースが入ってきた。アギトアリが、動物界最速の地位を追われたというのである。新たに王座についたのは熱帯に生息するドラキュラアリというもので（実験に用いられたのはマレーシア産）、これも牙を閉じる速さが新記録となった。その牙の閉じる速さは平均で時速336キロメートルだという[11-5]。このアリも、大きな頭に筋肉がぎっしり詰まっていることに変わりはないが、牙を高速で閉じるしくみは単純で、人間がやるフィンガースナップ（指パッチン）と同じである。つまり、両側の牙を合わせてから力を入れたところで、牙をずらせて急速に閉じるのである（というか、最初から閉じた状態から交差する状態になる。このような動作でも、外敵に致命的な一撃を与えることができるらしい）（図11・2）。弾性エネルギーは牙自体に蓄えられ、力を入れると先端が合わさったまま牙が変形するのが外からよく観察できるそうである。なお、この論文の著者は、いずれもっと速い運動をする動物が発見されるだろうと述べている。

図11・2は3種類の異なる留め金機構を示しているが、このようにいろいろな方式があることは、留め金機構を利用した超高速の牙の動きがアリの進化の途上で何回も独立に発生したことを示唆するもので、このような進化のことを収斂進化《しゅうれんしんか》という。

まとめ：

（1）昆虫の中には、筋肉の短縮速度よりはるかに速い運動をするものがあるが、それはクチクラやレジリン（弾性タンパク質）に蓄えた弾性エネルギーを一気に放出することで実現する。

（2）その中でも、アギトアリの大あごを閉じる速さは動物界最速といわれていた。捕食の他、外敵からの逃避に使用する。

（3）本書執筆中に別のアリが動物界最速の地位についたが、弾性エネルギーを蓄えるしくみはアギトアリと異なる。動物種それぞれが、いろいろなやり方で高速運動を実現しているようである。

2　動物の力と体の大きさの関係

アリは力持ちか？

前節で、アギトアリは自分の体重の５００倍のものを持ち上げる力を出すという話を書いた。アギトアリは南方系で、日本ではめったに見かけることはないと思うが、普通のアリでも自分の体よりはるかに大きい獲物を引きずっていたり、巣の中から大きな砂粒を運び出したりする様子はよく目にすることだろう。そうすると、アリはどうしてこんなに力持ちなのか、と思うことだろう。人間なら、普通は自分の体重くらいのものを持ち上げるのがやっとなのに？

人間の筋肉でも、昆虫の筋肉でも、力を出しているのはミオシンというタンパク質である。このミオシンの性質は、人間と昆虫でそんなに違うものではない。実は、アリが力持ちに見えるのは、アリと人間の体の大きさの違いに由来している。

筋肉の力は、筋肉の断面積に比例すると考えてよい。今、身長が1.5メートル、体重が50キロで、自分の体重と同じ50キロのものを持ち上げられる人がいたとしよう。その人がもし、体のプロポーションはそのままで半分の身長（75センチ）になったとする。そうすると、体重は身長の３乗に比例するから、２分の１の３乗、つまり８分の１を今の体重にかけて、体重は６・２５キロになる。

一方、筋肉の断面積は身長の２乗に比例するから、断面積は４分の１になる。だから、小さくなった後では50キロの4分の1、つまり12・5キロのものを持ち上げられることになる。これは、新しい体重のちょうど2倍である。つまり、身長が半分になることで、自分の体重の2倍のものを持ち上げられるようになるのである。

同じ考え方で、もし、この人が身長100分の1のアリのサイズ(1.5センチ、アリとしては随分大きいが)になったとしたら、自分の体重の100倍のものを持ち上げられる計算になる。そう考えると、アリは特に力持ちではないのである。自分の体重を基準に考えたら、小さな虫はみんな力持ちである。

ミオシン分子自体はどのくらい力持ち?

ここで、筋肉の出す力の源であるミオシンが、分子1個あたりどのくらい力を出すか考えてみよう。ミオシン1個の力を実際に測定した人はいて、大体5ピコニュートンである[11-6]。ピコニュートンとは聞きなれない単位だと思うが、ニュートンとは、あの万有引力の法則を見つけた物理学者、ニュートンの名前にちなんだ力の単位で、質量1キログラムの物体に作用して、1秒後に秒速1メートルの運動になる大きさの力というのが定義である。ピコニュートンというのはその1兆分の1である。地球の重力は、1キログラムのものを持った手を離すと1秒後には毎秒9.8メートルの速さで落ちるので、9.8ニュートンである。

ミオシン分子の重さはどのくらいあるのだろうか。どのような物質でも、分子1個というのは非常に軽いため、グラムなどの単位で表すのは一般的でなく、ダルトンという単位（これも化学者の名前に由来）を使う。たとえば、水素原子が6の後にゼロが23個つく数あるとき（これをアボガドロ数という。これも化学者の名前）、ちょうど1グラムとなり、このとき水素の原子質量は1ダルトンであるという。厳密には、炭素の安定な同位体（^{12}C）の原子がアボガドロ数集まったときの質量を12で割ったものが1ダルトンの定義である。ミオシン頭部の質量は約100キロダルトン、つまりアボガドロ数集まれば100キログラムの重さがある。地球上でこれを持ち上げるには、9.8を掛けて980ニュートンの力が必要になる。これをアボガドロ数で割ればミオシン分子1個を持ち上げるのに必要な力になるのだけれど、計算が面倒なので、逆にさっきの5ピコニュートンにアボガドロ数を掛けてみよう。結果を言うと、3兆ニュートンである。この値は、上の980ニュートンの約30億倍だから、ミオシン分子自体は自分の30億倍の重さのものを持ち上げる力があるという計算になる。ただし、こういう比較をするのは学問的にはほとんど意味がない。

このミオシンを、人間も、昆虫も持っている。同じミオシンを持っているのに、人間は自分の体重程度のものしか持ち上げられないが、アリは体重の500倍のものを持ち上げられる。不思議なようだけれど、計算上はそれでまったくおかしくない。

まとめ：

動物の体重は身長の３乗に比例するが、筋肉の力は身長の２乗に比例する。だから、体が小さくなっても力は体重ほど減らない。アリが力持ちに見えるのはそのためである。

あとがき

まず、本書を最後まで読んでいただいた読者の方々に感謝したいと思う。

本書は、昆虫がもっている高い能力のうち、筋肉が関係することについて解説したものである。動物界の中では、人間と昆虫はかけ離れた存在だが、筋肉の基本的なつくりはほとんど同じで、その使い方を洗練させることで、人間がとてもできない高機能を発揮している様子がおわかりいただけたなら幸いである。

私はもともと大学院生の時代から筋肉をテーマとして研究しており、大学の医学部に就職した後も、主に脊椎動物の骨格筋の生理学の分野で研究を重ねてきた。スプリングエイトに移った後も、研究手段はX線回折実験となったが、材料はやはり筋肉がメインだった。スプリングエイトは兵庫県の山の中に建設され、自然に囲まれて昆虫も多く生息していたことから、それらを用いて昆虫の筋肉のX線回折実験という取り合わせになったわけである。もちろん子供のときから昆虫が好きだったということもある。

本書では、昆虫研究の応用的な側面には触れていない。まず、昆虫がいったいどんな生き物なのか、どんなしくみで動作するのか、どうやって彼らが問題を解決し、どうやって栄えているのかを知るのが応用研究の第一歩である。われわれの相手が例えば病気を媒介する昆虫であって、その繁殖を阻止しないといけない場合、あるいはミツバチのように産業的に有益な昆虫であって、その保護を図らないといけない場合、あるいは未知の昆虫、または既知の昆虫でも未知の機能があって、それを利用または模倣することによって人類に新たな利益がもたらされる場合など、応用的な研究を行うには、まず相手を知らなければいけない。私はそのような基礎研究に携わる研究者の一人である。そして、基礎研究に携わる研究者は、研究によって得た新しい知識を人類共通の財産として広めることが仕事といっていい。そのため、研究者はまず学術雑誌に論文を投稿するのだが、これは通常英語で執筆されるし、同じ分野の研究者でないと理解が難しかったりする。しかし、研究のコミュニティだけでなく、もっと多くの人々に研究成果の内容を知ってほしい。そこで、研究成果をわかりやすく噛み砕いて、プレス発表を行ったり、一般向けの解説記事などを書いたりしているわけである。

スプリングエイトでは、施設公開といって年に1回、一般の方に内部を開放して見学してもらう催しを行っている。そのときの展示物のなかに、ハチの羽ばたきに関するものもあるのだが、来場者の方々には興味をもってみていただいている。また昆虫の羽ばたきをテーマに、子供たちを対象にした科学教室を開催したこともあったが、子供たちも興味津々だった。

本書の内容は、昆虫に関する他の一般的な書籍よりも専門的な内容を含んでおり、少し難しいと思われるかもしれない。特にX線回折に関することは、これに携わっていない研究者にとっても理解の難しいところで、これをわかってもらうために筆者自身もけっこう苦労している。この部分も含め、なるべく基礎の部分から噛み砕いて詳しく解説したつもりである。逆に、そんなことは知っているよと思われる読者の方もおられるだろう。そうであっても、本書を読んでいただくことで、より多くの方々が昆虫に関する知識を広げて下さったら、筆者にとってこれ以上の喜びはない。

最後に、本書を執筆する機会を与えていただいた新潟大学名誉教授の酒泉 満先生、原稿に対し貴重なご示唆をいただいた東京大学名誉教授の長田敏行先生、アギトアリに関してご教示をいただいた北海道大学の青沼仁志先生、また出版に際し非常にお世話になった裳華房編集部の野田昌宏氏に厚くお礼を申し上げたい。

２０１９年 ６月

岩本裕之

7-2 Iwamoto, H. (2018) Int. J. Mol. Sci., **19**: 1748.
7-3 Iwamoto, H. *et al.* (2002) Biophys. J., **83**: 1074-1081.
8-1 Huxley, H.E., Brown, W. (1967) J. Mol. Biol., **30**: 383-434.
8-2 Wray, J.S. (1979) Nature, **280**: 325-326.
8-3 Squire, J. M. (1992) J. Muscle Res. Cell Motil., **13**: 183-189.
8-4 Agianian, B. *et al.* (2004) EMBO J., **23**: 772-779.
8-5 Bernstein, S.I. *et al.* (1983) Nature, **302**: 393-397.
8-6 Bullard, B., Pastore, A. (2011) J. Muscle Res. Cell Motil., **32**: 303-313.
8-7 Kreuz, A. *et al.* (1996) J. Cell Biol., **135**: 673-687.
8-8 Iwamoto, H. (2013) Biochem. Biophys. Res. Commun., **431**: 47-51.
8-9 Clayton, J.D. *et al.* (1998) J. Muscle Res. Cell Motil., **19**: 117-127.
8-10 Iwamoto, H. (2013) J. Struct. Biol., **183**: 33-39.
8-11 Iwamoto, H., Yagi, N. (2013) Science, **341**: 1243-1246.
8-12 Iwamoto, H. (1995) Biophys. J., **68**: 243-250.
9-1 Heinrich, B. (1993) "The Hot-Blooded Insects" Harvard University Press, Cambridge.
9-2 Heinrich, B. (1987) J. Exp. Biol., **127**: 313-332.
9-3 Marden, J.H. (1995) J. Exp. Biol., **198**: 2087-2094.
10-1 Pringle, J.W.S. (1957) Proc. Linn. Soc. Lond., **167**: 144-159.
10-2 Josephson, R.K., Young, D. (1981) J. Exp. Biol., **91**: 219-237.
10-3 Xue, J. *et al.* (2013) Insect Biochem. Mol. Biol., **13**: 433-443.
10-4 Claridge, M.F. *et al.* (1999) J. Nat. Hist., **33**: 1831-1834.
10-5 Skals, N., Surlykke, A. (1999) J. Exp. Biol., **202**: 2937-2949.
10-6 Corcoran, A.J. *et al.* (2009) Science, **325**: 325-327.
10-7 Miller, L.A., Surlykke, A. (2016) BioScience, **51**: 570-581.
11-1 Patek, S.N. *et al.* (2006) Proc. Natl. Acad. Sci. USA, **103**: 12787-12792.
11-2 Paul, J. (2001) Comp. Biochem. Physiol. A Mol. Integr. Physiol., **131**: 7-20.
11-3 Bennet-Clark, H.C., Lucey, E.C. (1967) J. Exp. Biol., **47**: 59-76.
11-4 Lv, S. *et al.* (2010) Nature, **465**: 69-73.
11-5 Larabee, F.J. *et al.* (2018) R. Soc. Open Sci., **5**: 181447.
11-6 Finer, J.T. *et al.* (1994) Nature, **368**: 113-119.

参考文献

Josephson, R.K. *et al.* (2000) J. Exp. Biol., **203**: 2713-2722.
岩本裕之（2010）生物物理, **50**: 168-173.

引用文献

1-1 Howard, S.R. *et al.* (2019) Sci. Adv., **5**: eaav0961.
4-1 Lang, F. *et al.* (1977) Biol. Bull., **152**: 75-83.
5-1 Leclère, L., Röttinger, E. (2017) Front. Cell Dev. Biol., **4**:157.
5-2 Regenstein, J.M., Szent-Györgyi, A.G. (1975) Biochemistry, **14**: 917-925.
5-3 Bullard, B. *et al.* (1988) J. Mol. Biol., **204**: 621-637.
5-4 Bullard, B. *et al.* (2005) J. Muscle Res. Cell Motil., **26**: 479-485.
5-5 Alamo, L. *et al.* (2008) J. Mol. Biol., **384**: 780-797.
5-6 Sellers, J.R. (1981) J. Biol. Chem., **256**: 9274-9278.
6-1 Altshuler, D.L., Dudley, R. (2003) J. Exp. Biol., **206**: 3139-3147.
6-2 Moo, E.K. *et al.* (2016) Front. Physiol., **7**: 187.
6-3 Tu, M.S., Daniel, T.L. (2004) J. Exp. Biol., **207**: 2455-2464.
6-4 Marden, J.H. *et al.* (2001) J. Exp. Biol., **204**: 3457-3470.
6-5 Charlwood, J.D. *et al.* (2003) Malar J., **2**: 2.
6-6 Sotavalta, O. (1953) Biol. Bull., **104**: 439-444.
6-7 Dickinson, M. (2006) Curr. Biol., **16**: R309-R314.
6-8 Pringle, J.W.S. (1978) Proc. R. Soc. Lond., **B201**: 107-130.
6-9 Molloy, J.E. *et al.* (1987) Nature, **328**: 449-451.
6-10 Cullen, M.J. (1974) J. Ent., **A49**: 17-41.
6-11 Iwamoto, H. *et al.* (2006) Proc. R. Soc. Lond., **B273**: 677-685.
6-12 Iwamoto, H. (2017) Zool. Lett., **3**:15.
6-13 Chan, W.P., Dickinson, M. (1996) J. Exp. Biol., **199**: 2767-2774.
6-14 Bullard, B. *et al.* (2005) J. Muscle Res. Cell Motil., **26**: 479-485.
7-1 Watson, J.D., Crick, F.H.C. (1953) Nature, **171**: 737-738.

不随意筋 7
フユシャク 138
ブラッグ親子 89
プロジェクチン 80, 100
閉殻筋 42, 55
平滑筋 7, 29, 52, 53
ベッコウバチ 106
変温動物 132
扁形動物 53
変性 17, 132, 134
鞭毛 51
鞭毛運動 20
ホタテガイ 30, 55

マ　行

膜タンパク質 21
マッチ・ミスマッチ仮説 116
マルハナバチ 101, 106, 124, 126, 127, 133, 135
ミオシン 20, 22, 42, 43, 46, 72, 90, 95, 96, 99, 112, 119, 128, 161, 163
ミオシン繊維 10, 23, 31, 67, 80, 93, 94, 99, 102, 116, 121, 123, 128, 147
ミツバチ 133, 135
ミトコンドリア 10
ミドリムシ 50, 51
無荷重短縮速度 44
毛顎動物 55
モータータンパク質 20, 51
モータードメイン 24

ヤ　行

ヤングのスリット実験 86
有櫛動物 54
ユスリカ 69
ヨコバイ 78, 148, 149

ラ　行

力学特性 66
リン酸化 29, 56
リン酸化酵素 29
レジリン 159
レバーアーム 24
六角格子 94, 95, 102
ロブスター 47

層線反射　93, 95, 96, 98
創薬　90
ゾウリムシ　50
疎水結合　17
速筋　43, 158
速筋型ミオシン　43

タ　行

対向流システム　138, 141
体節　58
タイチン　30
ダイニン　20, 51
体壁筋　46, 67, 146
タガメ　97, 116, 120, 121
タランチュラ　56, 106
単結晶　106
単収縮　40
弾性タンパク質　21, 30, 56, 80, 100, 121, 159
タンパク質　14
チカメゼミ　150
遅筋　43, 158
遅筋型ミオシン　43
チャネル　37
調節軽鎖　29
直接飛翔筋　59, 63
ティンバル　144-146, 149, 151-153
ティンバル・マッスル　145-147, 149, 151
電磁波　85
同期型飛翔筋　64, 66, 67, 69, 80, 97, 123, 147
等尺性張力　66
ドメイン　24
ドラキュラアリ　159
トロポニン　26, 28, 39, 55, 56, 95, 99, 118, 120, 122, 123, 147
トロポニン仮説　118
トロポミオシン　26, 28

ナ　行

内臓筋　6, 7, 29
ナトリウムチャネル　37
軟体動物　53, 55
ヌカカ　69, 70
熱電対　133

ハ　行

背縦走筋　59
背腹筋　59
ハチドリ　65, 74
反射　88
半導体型検出器　114
尾索動物　53
飛翔筋　46, 56, 58, 59, 97
必須軽鎖　30
非同期型飛翔筋　64, 69, 71-73, 75, 76, 80, 97, 98, 100, 107, 114-116, 120, 147
ヒドラ　52
ヒドロクラゲ　52
ファロイジン　26
フーリエ変換　102
フォスファターゼ　29
不完全変態　79

棘皮動物 53
キリガ 137
筋原繊維 10, 66, 76, 100-102, 104, 107
筋細胞 8
筋上皮細胞 52
筋小胞体 11, 39, 40, 66
筋節 10
クシクラゲ 54
クチクラ 59
クモ 56
クラゲ 52, 55
軽鎖 22, 29, 55
結晶構造解析 89, 90
原生生物 50
コイルドコイル 22
恒温動物 132
酵素 19
構造タンパク質 20
拘束された飛行 125
硬直状態 95
興奮 36
骨格筋 6, 8, 29, 66, 97, 99, 107, 120
コネクチン 30-32, 56, 80

サ　行

サイクリック AMP 29
最大短縮速度 66
細胞骨格 26
細胞小器官 10
作動範囲 67, 80
サブユニット 22
サルコメア 10, 42, 44, 46, 47, 53, 55, 67, 80, 98, 104, 116, 147, 158
サンゴ 52
軸糸 51
子午線反射 95
刺胞動物 52
斜紋筋 53
重鎖 22
収縮—弛緩サイクル 36, 40, 64, 65
収縮タンパク質 21
収縮調節タンパク質 26
収斂進化 160
縮合 15
受容体タンパク質 21
心筋 6, 7, 29, 32, 107
神経筋接合部 38
神経伝達物質 38
伸張による活性化 73, 76, 80, 100, 114, 115, 121, 128, 129, 148
随意筋 6, 36
スプリングエイト 100, 108, 113, 124
脊椎動物 55
赤道反射 95
節足動物 55
筋電図 75, 77
セミ 78, 144, 145, 147, 148
選択的スプライシング 119, 120
繊毛 50, 51
繊毛運動 54
繊毛滑走 53
繊毛虫 50

索　　引

記号・数字

α-アクチニン　32, 55
αヘリックス　22

欧　　文

ADP　11
ATP　10, 29, 40, 43, 66, 72, 96
DNA　92
T小管　39
X線回折　77, 84
X線回折法　112, 147
X線結晶構造解析　87
X線繊維回折　91, 92, 112, 124
X線マイクロビーム　101, 102
Z膜　10, 31, 55, 80

ア　　行

アイソフォーム　118
アギトアリ　156, 157, 159, 161
アクチン　25, 42, 46, 90, 96, 99, 112, 128
アクチン繊維　10, 25, 26, 32, 67, 81, 93, 94, 99, 102, 116, 121, 128, 147
アセチルコリン　38
アミノ酸　14
アメーバ　50
アメーバ運動　50
イオン結合　17
イオンチャネル　21
イオンポンプ　21
イソギンチャク　52
イメージングプレート　114
インパルス　38, 64, 71, 72, 75
ウスズミカレハ　138
ウンカ　149
運動神経　6, 36
エフィラ　52
遠心性収縮　128
エンドオン回折法　102
横紋筋　6, 8, 52, 53, 55

カ　　行

海綿　51
加水分解　16
活動電位　37
カブトガニ　56
カルシウムチャネル　37, 40
カルシウムポンプ　39, 66
環形動物　53
干渉　84-87
干渉縞　86
間接飛翔筋　59, 63, 72
拮抗筋　62, 72
キナーゼ　29
キネシン　20
球状タンパク質　25
強縮　41
共有結合　15

著者略歴

岩《いわ》 本《もと》 裕《ひろ》 之《ゆき》

1955 年　大阪府生まれ

1983 年　東京大学大学院理学系研究科博士課程修了　理学博士

現　在　公益財団法人 高輝度光科学研究センター勤務

　　　　神戸大学大学院自然科学研究科　客員教授（兼任）

専門分野　X 線回折学，生物物理学，動物学

シリーズ・生命の神秘と不思議

昆虫たちのすごい筋肉

― 1 秒に 1000 回羽ばたく虫もいる ―

2019 年　7 月　1 日　第 1 版 1 刷発行

検　印
省　略

定価はカバーに表示してあります．

著作者　岩　本　裕　之

発行者　吉　野　和　浩

発行所　東京都千代田区四番町 8-1
　　　　電　話　03-3262-9166（代）
　　　　郵便番号 102-0081
　　　　株式会社　裳　華　房

印刷所　株式会社　真　興　社

製本所　株式会社　松　岳　社

一般社団法人
自然科学書協会会員

ISBN 978-4-7853-5128-1